星石
奇珍

上海天文馆 藏 精品陨石

上海书画出版社

杜芝茂等 著

编委会

序 1

承载着老一辈科学家一甲子的梦想，凝聚了全国天文工作者的智慧，在广大公众的热情期盼中，经历了十年磨一剑之建设历程的上海天文馆（上海科技馆分馆）于 2021 年 7 月 17 日正式开馆了。有幸的是，上海天文馆开馆两年以来仍然保持"网红"热度，吸引着一批又一批来自全国各地，对神秘宇宙满怀探索渴望的游客和亲子家庭，即使在因疫情防控而严控入馆人数的情况下，迄今接待游客也已超过了百万人次。

上海天文馆因何深受公众欢迎？除了人们对神秘宇宙的天然好奇，天文馆建设团队的精心设计、匠心打造和用心管理自然功不可没，然而更重要的原因还在于确立了正确的整体设计理念。2016 年 12 月 10 日，习近平总书记在会见天宫二号及神舟十一号载人飞行任务航天员及参研人员代表时强调指出："星空浩瀚无边，探索永无止境。"这个精神就镌刻在上海天文馆主展区的出口处，作为主体展览的总结，它极为精辟地点出了太空探索的深刻意义，同时也成为天文馆展示设计理念的重要指导。注重启发好奇心和探索精神的培养，同时注重科学与艺术的结合，是天文馆得以成功的思想基础。星光灿烂的沉浸式观展体验，既科学理性又富于情感设计的展陈故事线，精心打造的灯光和音响效果，原创设计的互动展品，独家所有的珍稀科学藏品，极富艺术性的展示方式，它们共同构成了上海天文馆广获好评的物质基础。

珍稀科学藏品，特别是天降陨石和天文文物，在天文馆广受瞩目的展示项目中是特别值得关注的种类。上海天文馆建设团队秉承建设国际顶级天文馆的理念，在建设过程中就以最高的收藏标准开展了陨石和文物的征集工作。天降陨石是我们唯一可以触摸太空的实物，也是其他科普场馆中难得一见的珍贵展品，上海天文馆在建设期间征集到来自全球各地共计七十多块精品陨石，其中不乏品相精良的目击陨石和稀有品种。天文文物则承载了人类探索宇宙的智慧和力量，建设团队经过多年努力，获得了一百二十多件／套天文文物，其中数十本影响科学发展进程的科学名著之原版，值得每一位科学爱好者的尊重。还有众多精美的古代星图、天文仪器等高品质天文文物，也都值得大家在天文馆中用心探索。

来到天文馆的游客们来去匆匆，通常难有足够的时间来探究这些精彩藏品的奥秘。为了帮助大家更好地深入了解这些陨石和文物，我们特别精选了上海天文馆收藏的最具代表性的精品陨石和天文文物，以高精度摄影和精彩的解说，分别制作成《星石奇珍》和《问天之迹》两本精品画册，全方面地深入剖析每一件精品的科学价值和背后的故事，希望能够得到天文馆粉丝们的厚爱，借此细细品味这些珍稀藏品，同时更好地了解天文馆，更好地体会科学之美。

《星石奇珍》编委会

2023 年 6 月

序2

陨石进入人类视野已有几千年历史，国内外的史料中有很多关于天降陨石的详细记载。而科学家关注到陨石也不过短短两百多年的时间。随着人们搜集陨石手段的不断拓展、研究陨石方法的不断丰富，人们更加成体系地认识到陨石这个天外来物。陨石来自地外天体，为科学家提供了丰富的科研素材，是人类认识太阳系形成和演化的最直接途径。

2013年俄罗斯的车里雅宾斯克陨石雨引起过全球的广泛关注，"陨石收藏"也应运而生，逐渐成为国人的新宠。2016年在青海降落了班玛陨石，在陕西降落了马子川灶神星陨石；2018年在西双版纳降落的曼桂陨石雨更是引发了国内陨石爱好者关注，造成了成百上千的人同时捡陨石的盛况局面；2022年夏天在宁夏降落了隆德陨石，到了年底在浙江又陨落了檀溪陨石。目击陨石已然成为人们了解陨石的首要渠道。此外，在我国西北地区，陨石"猎人"也收获颇丰，随着持续不断地寻找，逐年发现了不少陨石，比如新疆发现的火焰山铁陨石，青海发现的俄博梁石陨石等。

随着陨石标本搜集的越来越多，媒体宣传越来越广泛，人们对陨石的认识也越来越深刻，陨石收藏在民间悄然兴起，很多爱好者加入了陨石收藏的队伍，也有不少博物馆闻风而动。吉林市陨石博物馆、北京天文馆、山西地质博物馆、青海德令哈天文科普馆、浙江自然博物馆、南京图书馆、天津自然博物馆等通过举办陨石科普展览为全国各地"星友"搭建交流平台，陨石科普进一步交流融合。

在陨石科普蓬勃发展的形势下，上海天文馆（上海科技馆分馆）于 2021 年建成对外开放，场馆内展出来自全球四十多个国家和地区的陨石，而且有两块南极陨石在场馆中长期展出。陨石种类覆盖绝大多数陨石类型，共计四十多个品种。观众在天文馆中可以全方位、立体式对陨石进行了解，场馆中有通过三维立体影像对陨石标本进行展示，还有陨石"猎人"搜寻陨石的纪录片，陨石鉴定及分类的纪录片，陨石坑的互动科普展项，陨石鉴别互动科普展项，陨石微观结构展示等科普展项，是国内现有场馆中唯一对陨石进行综合性展示的科普场馆。

这本图册集中介绍了上海天文馆中最具有代表性的 42 块陨石，通过讲故事的方式让人们更多地去了解陨石，了解陨石背后发生的故事。图册中的陨石通过造景拍摄的手法尽可能地还原陨石采集前的原始环境，让读者了解采集陨石的不易以及陨石有别于地球岩石之美。42 块陨石的介绍打破了传统的陨石分类编排，以观众对陨石理解的层次逐级递进进行编排，通过博物馆的视角将其逐一讲述出来，在内容上更为浅显，非常适合普通爱好者阅读。希望读者能够通过阅读此书对陨石有更为深度的见解，从中获得启发。

中国科学院紫金山天文台研究员

徐伟彪

2023 年 5 月 30 日

目录

前言

天文类博物馆藏品分为两大类，一类是陨石，一类是天文类文物。其中陨石是来自地外的唯一一类实物，对于天文馆而言可谓是极佳的自然类藏品。上海天文馆（上海科技馆分馆）在建设期间藏品征集就秉承着建设国际顶级天文馆的理念，遵照博物馆藏品收藏原则，陨石类藏品以目击类陨石、有历史传承价值的陨石、饱含潜在科研价值的陨石等为主要征集对象，历时六年收藏到来自全球七个大洲，涉及四十多个国家和地区共计七十多块精品陨石。自 2021 年 7 月上海天文馆对外开放后，一直受到社会各界的热烈关注，展馆中的陨石藏品同样也引起了行业内一致好评。

那什么是陨石，它们都来自哪里呢？在太空中散布着无数碎片，小到微米尺度的尘埃，大到沙砾、巨石，我们都称之为流星体。当流星体高速飞入地球大气层，与大气剧烈摩擦，产生明亮的光芒。较小的流星体已在空中燃烧殆尽，较大的流星体在大气层中燃烧未尽，残余部分坠落地面就是陨石。司马迁在《史记·天官书》中就写到"星坠地，则石也"，说明古人很早就认识到陨石是来自地球之外。而且古人对陨石的记录也是非常丰富的，甚至有的记录了陨石降落的全过程。宋代沈括在《梦溪笔谈》中记录到"治平元年，常州日禺时，天有大声如雷，乃一大星几如月，见于东南；少时而又震一声，移著西南；又一震而坠在宜兴县民许氏园中，远近皆见火光赫然照天，许氏藩篱皆为所焚。是时火息，视地中只有一窍如杯大，极深。下视之，星在其中荧荧然，良久渐暗，尚热不可近。又久之，发其窍，深三尺余，乃得一圆石，犹热。其大如拳，一头微锐，色如铁，重亦如之"。完整记录了陨石降落的时间、地点、降落过程、落地后的场景以及陨石的外形和色泽，与 2018 年 6 月 1 日发生在西双版纳的曼桂陨石雨中曼桂一号的发现过程如出一辙。绝大多数陨石都来自火星和木星之间的小行星带，也有少数的陨石来自火星、月球、灶神星等。

因为陨石来自地球之外，自古以来人们就敬畏这个天外来物，有的陨石还被当做神物进行供奉。人类最早用铁即是来自陨铁，陨铁为人类制造工具提供了全新的可能，比如兵器的打造。此外，陨石大多都形成于距今 45 亿年前后，含有太阳系形成的秘密，通过研究陨石可以了解太阳系形成的过程。因此，陨石也成为各大博物馆、研究所、大学追逐的"香饽饽"。

陨石收藏从 1492 年人类最早回收的昂西塞姆陨石算起已有五百多年的历史了。随着人们对陨石认识的不断加深，以及发现和回收的陨石越来越多，陨石也成为一个收藏的门类。陨石收藏在欧洲和美国较为成熟，收藏者不仅是博物馆，还有很多个人藏家加入其中。国外博物馆的收藏时间周期长，品种类全，比如维也纳自然历史博物馆、西澳大利亚博物馆、美国自然历史博物馆、法国国家自然历史博物馆、英国自然历史博物馆、俄罗斯科学院地外物质博物馆、梵蒂冈天文台、柏林自然历史博物馆等，都收藏有大量的陨石藏品。国内收藏陨石最多的是中国极地研究中心（中国极地研究所），陨石都从南极采集而来。较多的是北京天文馆，收藏有自 1949 年以来降落和发现的多个陨石样本，还有全国各地的地质类博物馆收藏有少量陨石。上海天文馆是近年来新建场馆中收藏陨石品类最多的博物馆。在这几百年间出现了很多知名的陨石藏家，比如宁格尔（Harvey Harlow Nininger）、罗伯特·黑格（Robert A. Haag），上海天文馆收藏的埃斯克尔橄榄陨铁就是来自于黑格。从 2012 年西宁陨石雨和 2013 年俄罗斯车里雅宾斯克陨石雨发生之后，陨石逐渐进入国内公众的视野，自此有不少的陨石爱好者及藏家往返于全球各大矿物市场，全球不同种类的陨石被带到国内。另外，国内矿物市场的开放也使得国外不少藏家进入国内。这些因素在国内引起了一波陨石收藏热，为上海天文馆的陨石收藏提供了机遇。

陨石的研究相比古老的天文学来讲是非常年轻的，从德国科学家恩斯特·克拉德尼（Ernst Florens Friedrich Chladni）正式提出陨石来源于地球以外的观点开始计算也不过两百多年的时间，其中陨石的分类也是科学家一直探寻的问题。现行的陨石分类体系最早要源于马斯基林（Maskelyne）和罗斯（Rose）这两位科学家基于柏林大学博物馆和大英博物馆收藏的陨石分类规则。19 世纪 60 年代，马斯基林将陨石分为石陨石、石铁陨石、铁陨石三大类；罗斯将石陨石分成球粒陨石和无球粒陨石。1907 年法林顿（Farrington）第一个提出根据化学成分对陨石进行分类，并对铁陨石进行了化学分析。1920 年普里尔（Prior）发展了一套全面的陨石分类方案，并提出了中铁、橄榄古铜陨铁等术语。1967 年，梅森（Mason）对普里尔的分类方案进行修正，最后形成现在分类体系的基础。目前陨石分类体系主要是基于陨石的矿物学和岩石学特征以及它们的全岩化学分析和氧同位素组成，根据陨石是否发生分异分为球粒陨石、原始无球粒陨石和无球粒陨石三大类。

本书还是采用传统的陨石分类方法也是人们最容易接受的分类方式，将陨石分为石陨石、石铁陨石、铁陨石三大类。石陨石又分为球粒陨石和无球粒陨石，球粒陨石有 15 个群，8 个碳质球粒陨石群（CI、CM、CO、CV、CK、CR、CH、CB）、3 个普通球粒陨石群（H、L、LL）、2 个顽辉石球粒陨石群（EH、EL）、R 群球粒陨石和 K 群球粒陨石；无球粒陨石分为火星陨石、月球陨石、原始无球粒陨石和分异无球粒陨石。石铁陨石又分为中铁陨石和橄榄陨铁。铁陨石有 13 个群（IAB、IC、IIAB、IIC、IID、IIE、IIF、IIG、IIIAB、IIIE、IIIF、IVA、IVB）。

本书中的陨石名称均采用国际陨石学会数据库中的名称。国际陨石学会命名委员会的陨石的命名通常是根据陨石降落地点或发现地点附近的地名而来的，如果同一地点发现多块陨石就在地名后面加编号 001、002……每一块陨石都会由科学家对陨石进行分类后，将数据和样品一同提交国际陨石命名委员会审核，审核通过就会通过公报的形式发布，数据均可在国际陨石学会数据库中查到。

本书精选了上海天文馆 42 块具有代表性的馆藏精品陨石，通过造景拍摄的方式呈现陨石标本采集的原始环境，在原始环境中呈现陨石的原始美。将 42 块陨石分为源、魂、承、极、疑、撼六个篇章来介绍。第一篇章"源"主要介绍的是可以追根溯源的陨石藏品，比如火星陨石、月球陨石等；第二篇章"魂"主要介绍的是能代表上海天文馆灵魂的陨石藏品，比如长兴陨石、东乌珠穆沁旗陨石；第三篇章"承"主要介绍的是与国际上同类博物馆同类或同源的藏品；第四篇章"极"主要介绍的是在地球上极端环境下找到的陨石，比如南极陨石、沙漠陨石；第五篇章"疑"主要介绍的是富含科研价值的陨石，其中大部分陨石还未解密完成，比如西北非 12869 陨石；第六篇章"撼"主要介绍的是国内外几大陨石雨回收的陨石，比如随州陨石、车里雅宾斯克陨石。希望无论是陨石爱好者还是普通读者都能够通过本图册深入了解上海天文馆的馆藏精品陨石，了解上海天文馆的建馆思路与收藏历程。

源

1

追根溯源

约 46 亿年前，银河系中的一团分子云一触即发，历经几百万年的时间演化形成太阳系。太阳系内行星、矮行星、彗星以及几百万颗小行星等有序运转。但是系统内并不是永久太平，时不时会有灾难危机降临，一些不规矩的小行星相互之间会发生碰撞，有的还会与行星碰撞。撞击后的流星体会有一些历经重重艰难，抵达地球的引力范围，最终冲破大气层到达地面。然而成千上万年以来，到达地面的绝大多数陨石都是无名之士，它们并不知道自己来自哪里，来自哪颗星球，只有少数历经重重筛选者才可获得身世。

早在 19 世纪，大多数科学家认为所有的陨石都来源于月球，后经研究才发现，陨石来源于小行星带。直到 20 世纪六七十年代，六次阿波罗探月任务共取回 380 千克月球岩石和表壤样品，人类才逐步解开了月球的物质组成之谜。自 1982 年从南极回收的 ALHA 81005 被认定为第一块月球陨石开始，越来越多的月球陨石被认证出来，但到目前被认证的月球陨石也就五百多块。

1976 年美国宇航局的海盗号探测器进行现场分析后，得知了火星的大气成分。1979 年科学家们在南极发现了 EETA 79001 陨石，因为这块陨石释放的气体具有与火星大气一致的组分，EETA 79001 也成为第一个被认定的火星陨石。2011 年发现火星陨石"黑美人"NWA 7034，此后又陆续发现了很多稀有类型。通过火星陨石能获得火星更多的详细信息，从此打开了研究火星的一扇新的大门。

然而几万块陨石中能得知来源的也就是火星、月球、灶神星、2008TC3 等几颗星球，通过来自这些星球的陨石能直接了解它们的前世今生，是人类获取行星信息的宝贵资源。

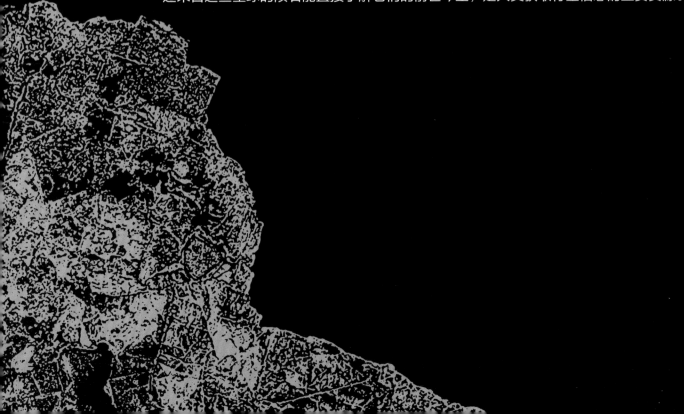

提森特火星陨石
Tissint

陨落地	摩洛哥	Place	Morocco
陨落时间	2011 年 7 月 18 日	Date	July 18, 2011
类型	辉玻无球粒陨石	Class	Shergottite
标本质量	299 克	Mass	299 g
母体	火星	Parent Body	Mars

提森特火星陨石是全球仅有的五次目击火星陨石之一，于 2011 年 7 月 18 日凌晨 2:00 左右坠落，摩洛哥几位游牧民目睹了这一事件。当时并未找到陨石，直到 2011 年 10 月，有位牧民途经提森特西南方向约 50 千米远的偏僻荒滩时才偶然发现了有锃亮黑色熔壳的陨石碎块。因回收快，陨石未被地球上的物质所污染，具有极高的科研价值。研究表明，在 70 万年前，提森特所在的火星位置遭到了小行星的撞击，产生直径约 90 千米的撞击坑，并由此弹入太空。在撞击的过程中陨石中封存了火星的大气，保存了火星内部、地表及大气间的撞击痕迹，在陨石中科学家发现了微量硫和氟，表明它可能在火星受到过含水蚀变，从而证明火星表面曾经有水。

🖊 最早的目击火星陨石为沙西尼陨石（Chassigny），1815 年降落于法国。

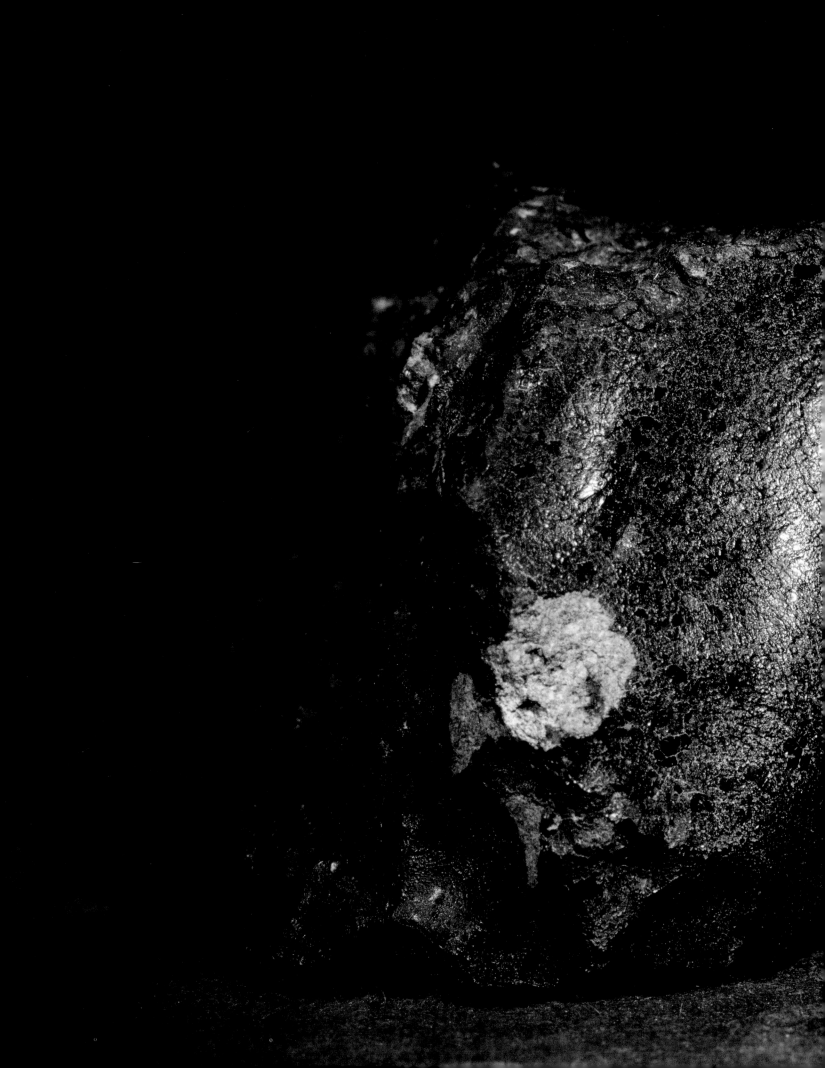

扎加米火星陨石
Zagami

陨落地	尼日利亚	Place	Nigeria
陨落时间	1962 年 10 月 3 日	Date	October 3, 1962
类型	辉玻无球粒陨石	Class	Shergottite
标本质量	20.4 克	Mass	20.4 g
母体	火星	Parent Body	Mars

扎加米火星陨石重约 18 千克，是迄今为止发现的最大的单体火星陨石。在 1962 年 10 月 3 日，这颗陨石落在尼日利亚的一块玉米地里，在地里还形成一个约 60 厘米的"陨石坑"。它是研究最为透彻的火星陨石之一，被切割成几十块样本被科学家研究，切割后最大的剩余部分藏在大英博物馆里。大约在三百万年前，扎加米火星陨石在火星表面经历了一次猛烈撞击，被弹射出火星大气层进入行星际轨道。这块陨石保存了大量捕获的火星大气，是第二颗被证实含有火星大气组分的火星陨石；这块样品主要由辉石和熔长石组成，是研究火星地质演化历史的鼻祖级的样本。

火星陨石 Shergottite 亚类，其名称是来源于 1865 年 8 月 25 日降落在印度的 Shergotty 陨石。

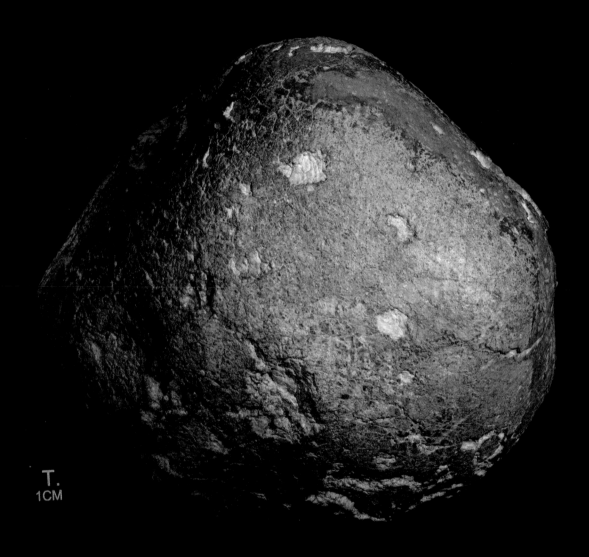

西北非 11006 月球陨石
NWA 11006

发现地	摩洛哥	Place	Morocco
发现时间	2016 年	Date	2016
类型	冲击熔融角砾岩	Class	Anorthositic Impact Melt Breccia
标本质量	2234 克	Mass	2234 g
母体	月球	Parent Body	Moon

西北非 11006 月球陨石，属于冲击熔融角砾岩，2016 年被发现于摩洛哥。这颗月球陨石重 2238 克，外形圆润完整，外表无熔壳结构，一侧是浅灰色，另一侧是落在沙漠中保留的深黄色，是外形最像月球的月球陨石，比较稀有。在白色的细粒基质中可以看到 0.15 毫米到 2 毫米的白色矿物碎屑。

✎ 第一块收集的月球陨石是 Yamato 791197，于 1979 年 11 月被收集，但它不是第一块被认证的月球陨石。

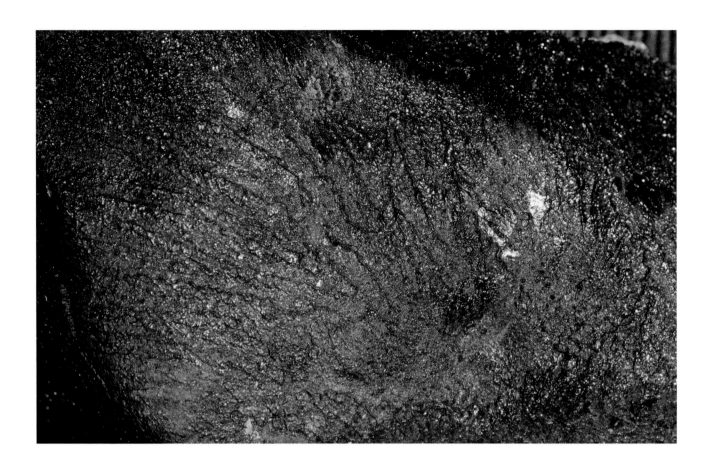

赛瑞西塞克陨石
Sariçiçek

陨落地	土耳其	Place	Turkey
陨落时间	2015 年 9 月 2 日	Date	September 2, 2015
类型	古铜钙长无球粒陨石	Class	Howardite
标本质量	539 克	Mass	539 g
母体	灶神星	Parent Body	Vesta

2015 年 9 月 2 日 20:10 左右，一颗巨大的火流星划过土耳其宾格尔城市的上空，并爆炸发出了巨大声响，随后听到有东西像雨点一样落在房顶，几个摄像头记录下了当时的情景。当地村民听到巨响之后，误以为是当地民族武装与土耳其政府之间发生冲突。第二天早上当地村民纷纷在村庄的田野里找到了外表光亮、黝黑的陨石。后来经过研究分析，这些陨石来自于太阳系第四号小行星灶神星，是稀有的古铜钙长无球粒陨石类型，属于无球粒陨石。由于坠地时间较短，保存相对完好，新鲜程度高，所以具有极高的科研价值。

✑ Howardite 这个名字是为了纪念陨石学先驱爱德华·霍华德的名字而命名的。

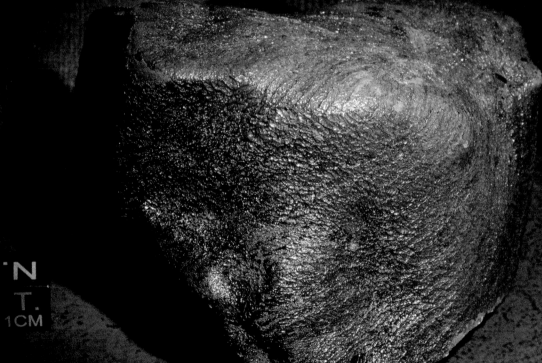

第六站陨石
Almahata Sitta

陨落地	苏丹	Place	Sudan
陨落时间	2008 年 10 月 6 日	Date	October 6, 2008
类型	橄辉无球粒陨石	Class	Ureilite-an
标本质量	71 克	Mass	71 g
母体	2008TC3 小行星	Parent Body	Asteroid（2008TC3）

第六站陨石是人类首次发现、跟踪、预报并回收的 2008TC3 小行星样本。2008 年 10 月 6 日，美国亚利桑那州莱蒙山天文台的工作人员用卡特琳娜巡天 1.5 米反射望远镜发现监测很久的小行星 2008TC3 将要进入地球。这颗小行星重约 80 吨，直径约 4.3 米，根据飞行轨迹得知该小行星将会降落在苏丹北部。在 10 月 7 日当地时间 05:46 在苏丹努比亚沙漠上空发生空爆，形成陨石散落区。喀土穆大学于 12 月 2 日至 9 日组织团队进行陨石搜寻，共收获 3.95 千克的标本，Almahata Sitta 陨石的回收是人类第一次从发现小行星，跟踪其降落到地球并找回陨石标本的事件，具有非常重要的意义。

✑ 人类三次监测到小行星降落并回收陨石样本的事件：
　第一次，小行星 2008 TC3 直径约 4 米，坠落在苏丹北部的沙漠中，总共收集到 3.95 千克陨石；
　第二次，小行星 2018 LA 直径约 2.6 米—3.8 米，坠落在博斯特瓦纳 – 南非边境，回收了 215 克陨石；
　第三次，小行星 2023 CX1 撞击点位于英吉利海峡上空，成功回收陨石。

西北非 14984 陨石
NWA 14984

发现地	突尼斯	Place	Tunisia
发现时间	2019 年	Date	2019
类型	古铜辉石无球粒陨石	Class	Diogenite
标本质量	2940 克	Mass	2940 g
母体	灶神星	Parent Body	Vesta

T.
1CM

西北非 14984 陨石在 2019 年被发现于突尼斯附近的沙漠，属于灶神星陨石的古铜无球粒陨石（Diogenites）亚类，这块陨石是古铜无球粒陨石中较为特别的一块，从切面上可以看出黄绿色的斜方辉石，结晶程度高，同橄榄陨铁中的橄榄石一样可透光，上面还有很多黑色的不透明矿物。这类灶神星陨石很少见，有着极高的收藏价值和研究价值。

✦ 灶神星陨石 Diogenites 子类，这个名字是以古希腊哲学家 Diogenes 命名的，因为他是第一个提出陨石的外层空间起源的人。

西北非 14984 陨石切片

2 魂 魅力之魂

陨石作为一类非常特别的藏品，它来自地球之外，携带着人类认识太阳系形成奥秘的钥匙。地球之巅是珠穆朗玛峰、火星之巅是奥林波斯山，一座博物馆的真正之巅则是藏品。每座博物馆都有自己的特色藏品，上海天文馆中的特色藏品就是陨石，在上海天文馆家园展区中陈列的陨石藏品中，总是有一些陨石富有独特的气质，保持着难以超越的高度，这些俗称"镇馆之宝"的藏品代表了这座博物馆的灵魂。

在国际陨石数据库中，中国一共有 71 次目击陨石记录，其中有些记录保持至今。长兴陨石是上海唯一的目击陨石，在中国人口最密集的地区能拥有一颗目击陨石，非常罕见。东乌珠穆沁旗中铁陨石是中国唯一的目击中铁陨石。同样在陨石整个分类群里，也有些陨石一直保持唯一记录。比如古杰巴陨石是截止到目前唯一的目击 CB 型碳质球粒陨石。这些具有唯一性的藏品在保持自身价值的同时，带给我们重重谜题，一座博物馆也因拥有它们而熠熠生辉。

长兴陨石
Changxing

陨落地	中国，上海	Place	Shanghai, China
陨落时间	1964 年 10 月 17 日	Date	October 17, 1964
类型	普通球粒陨石（H5）	Class	Ordinary Chondrite (H5)
标本质量	21.4 千克	Mass	21.4 kg

长兴陨石，1964 年坠落于上海长兴岛前卫农场北部江边，是上海唯一的目击陨石。长兴陨石共有两块，共重 27.9 千克，由上海自然博物馆回收。其中一块大的重 21.4 千克，现展出于上海天文馆，另外一块重 6.5 千克，后来经过切割剩余 3.9 千克展出于上海自然博物馆中，其余的 2.6 千克用于与其他博物馆的样品交换。最大的 21.4 千克长兴陨石作为上海唯一一颗目击陨石可谓是上海天文馆的"镇馆之宝"了。

东乌珠穆沁旗陨石
Dong Ujimqin Qi

陨落地	中国	Place	China
陨落时间	1995 年 9 月 7 日	Date	September 7, 1995
类型	中铁陨石	Class	Mesosiderite
标本质量	30.3 千克	Mass	30.3 kg

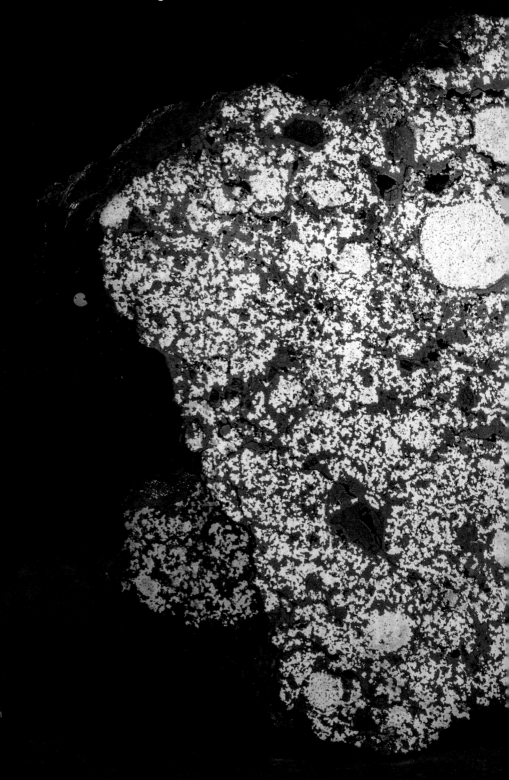

T.
1CM

东乌珠穆沁旗陨石，是目前为止中国唯一的目击中铁陨石。在 1995 年 9 月 7 日 13:45，在内蒙古锡林郭勒盟，东乌珠穆沁旗地区上空，发生了一次目击中铁陨石降落事件。当时，牧民听到高空几声巨响，随即在天空出现一缕青烟。后来在牧民巴图孟克家附近回收了一块重 88.2 千克的陨石，嵌入地下一米多深。在另外两家牧民家附近找到一块重 38 千克和重 2.6 千克的陨石。两块重量小的陨石熔壳完整，大的几乎没有熔壳结构。上海天文馆收藏的这块中铁陨石标本切自大的这块陨石，从切面可以看到非常漂亮的大颗粒的金属结核状结构，铁纹石和镍纹石散布在硅酸盐矿物中，局部可以看到角砾状橄榄石晶体结构，是非常难得的陨石标本。

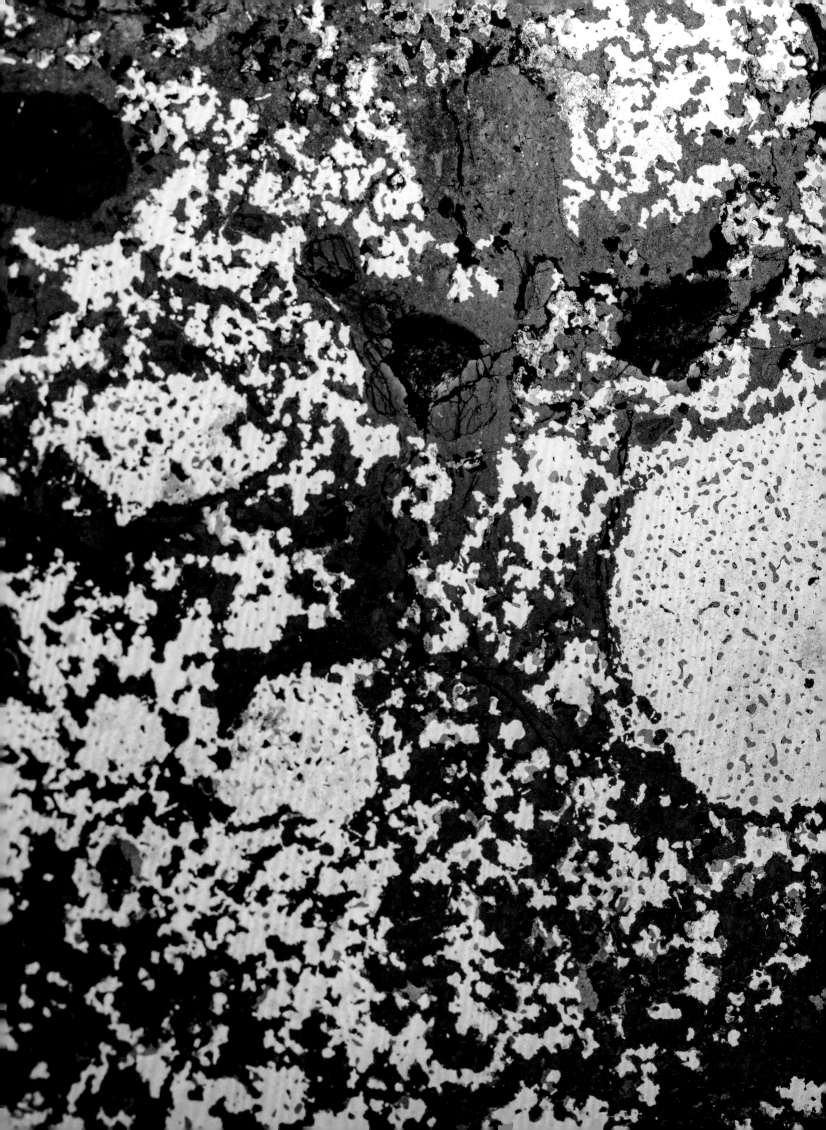

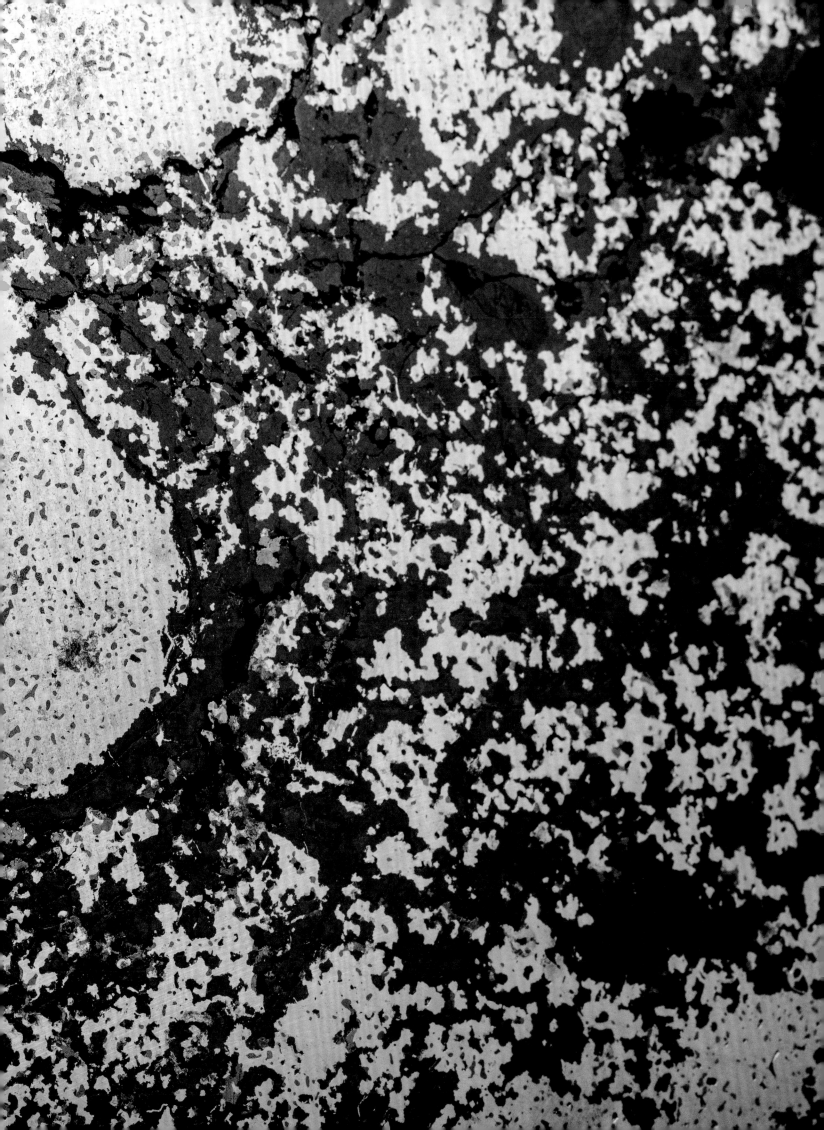

曼桂陨石
Mangui

陨落地	中国	Place	China
陨落时间	2018 年 6 月 1 日	Date	June 1, 2018
类型	普通球粒陨石（L6）	Class	Ordinary Chondrite (L6)
标本质量	1228 克	Mass	1228 g

曼桂陨石又叫"六一儿童节陨石"，于 2018 年 6 月 1 日晚降落在云南西双版纳，一颗火流星空爆后形成陨石雨，数百块陨石散落在勐遮镇一带，其中最大的一块重 1300 克。这块最大的曼桂一号坠落于曼桂村一茶园里，在地面形成了一个直径 13 厘米，深 25 厘米的"陨石坑"（小型陨石撞击洞），再现了沈括《梦溪笔谈》中描述的陨石降落场景。据不完全统计，这次陨石雨是近几十年以来现场参与寻找人数最多的一次。上海科技馆深度参与了这次陨石雨的探寻过程，并首次成功获得了火流星目击视频、陨石主体回收、"陨石坑"取样回收的全过程实证记录，并将全过程拍摄成纪录片《流星之吻》，获得了国际博物馆协会 2019AVICOM 国际视听多媒体艺术节纪录片单元和科学技术类主题的唯一金奖。

✍ 扫二维码观看《流星之吻》纪录片。

"曼桂陨石坑"

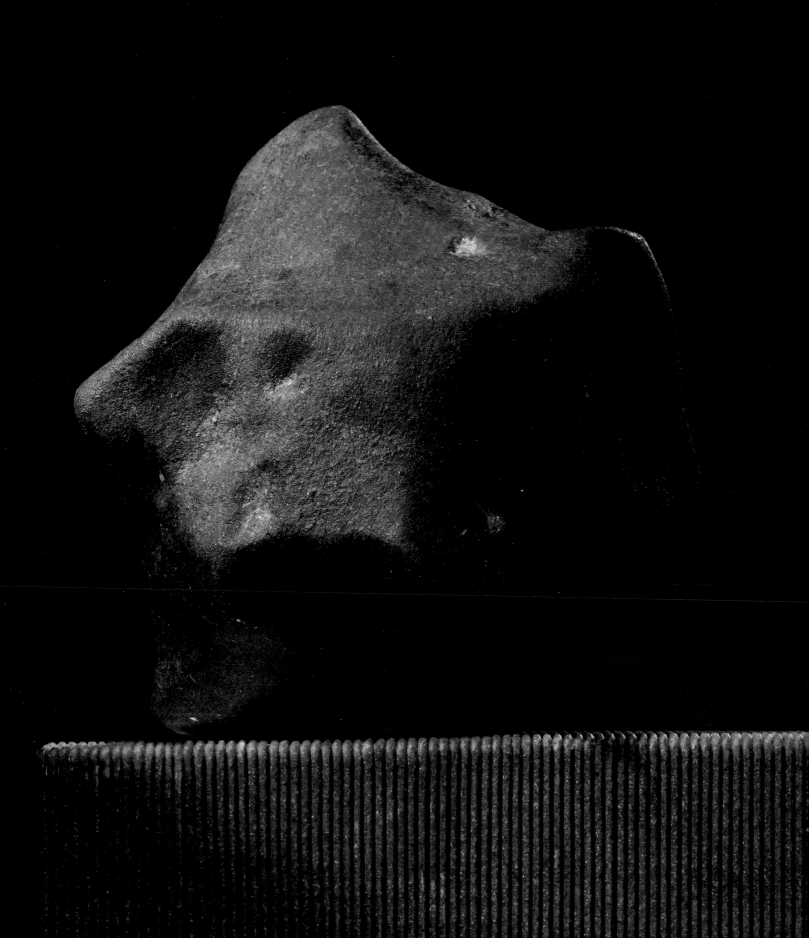

埃斯克尔陨石
Esquel

发现地	阿根廷	Place	Argentina
发现时间	1951 年	Date	1951
类型	橄榄陨铁	Class	Pallasite
标本质量	6700 克	Mass	6700 g

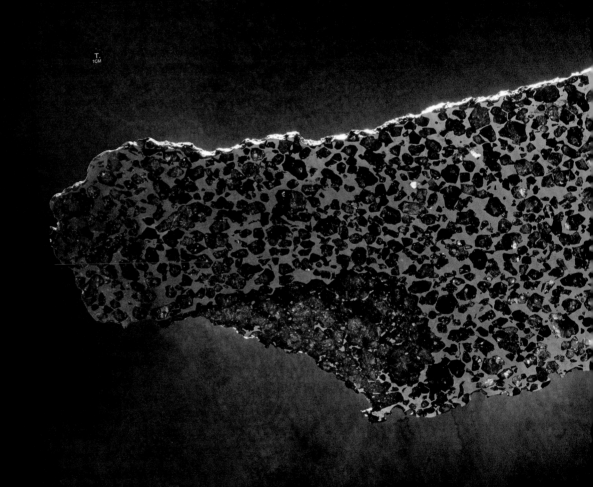

埃斯克尔陨石
Esquel

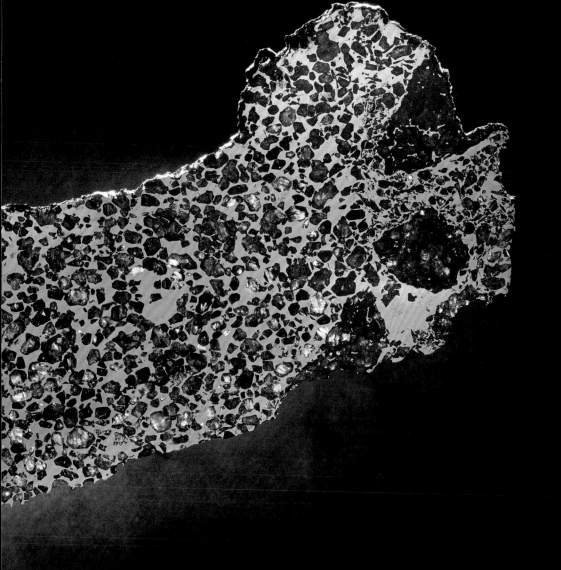

埃斯克尔陨石属于石铁陨石，1951 年发现于阿根廷，单独一块，发现总量 755 千克，后来被国际著名陨石藏家罗伯特·黑格收藏，在切割之前该陨石外表平平无奇，后来，罗伯特·黑格将其运送到德国，在名为卡尔·阿钦（Carl Achim）的收藏家的帮助下，将其切成七片，其中一片被赠送给卡尔·阿钦，其他的被带回美国后流散到世界各地。该标本有蜂巢一样的结构，橄榄石颗粒大，晶莹剔透如宝石一般耀眼，铁镍合金部分状态稳定，不易氧化，是目前发现的最好的橄榄陨铁之一。

伊米拉克陨石
Imilac

发现地	智利	Place	Chile
发现时间	1822 年	Date	1822
类型	橄榄陨铁	Class	Pallasite
标本质量	1700 克	Mass	1700 g

伊米拉克橄榄陨铁于 1822 年被发现，据推测是在十四世纪降落在智利北部的阿塔卡马沙漠中。其中回收的最大的一块重 198 千克，收藏于大英博物馆。伊米拉克橄榄陨铁性质非常稳定，可能是由于早期太阳系的碰撞造成的。其内部的橄榄石呈黄绿色，结晶度高，当有光照时，会像宝石一样闪闪发光。它不仅具有宝石级的身段，还包含有太阳系形成的早期信息，被称为是同太阳系一样古老的宝石，是国内外博物馆及收藏家的重要目标。

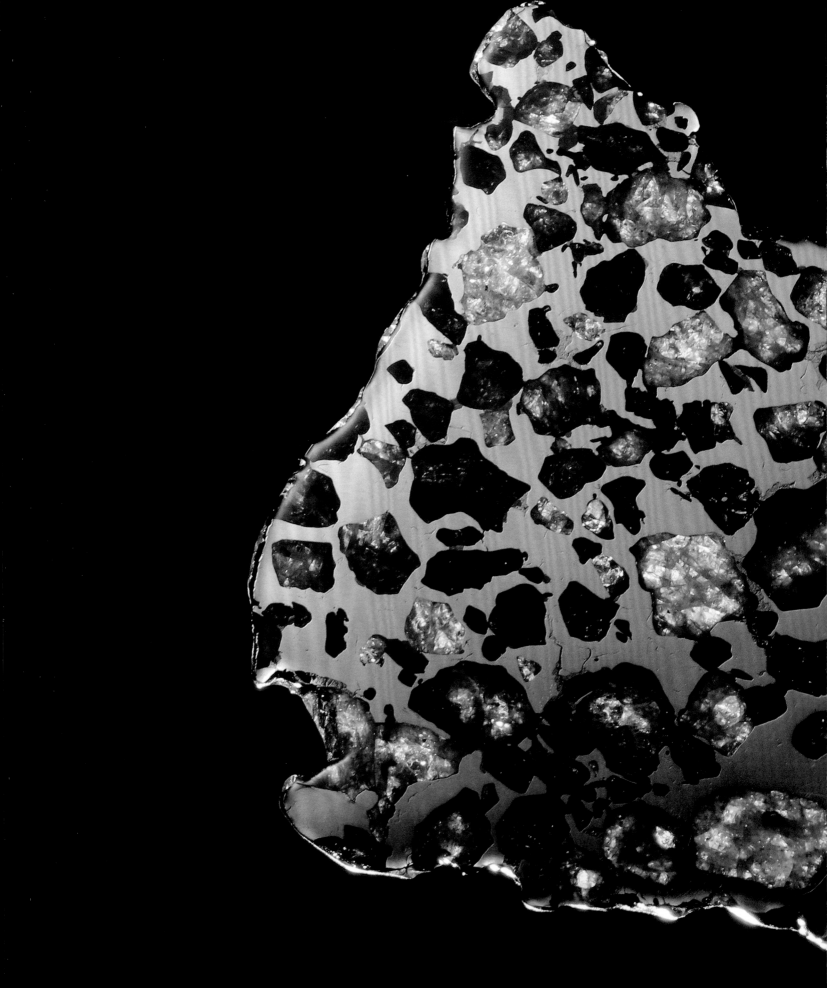

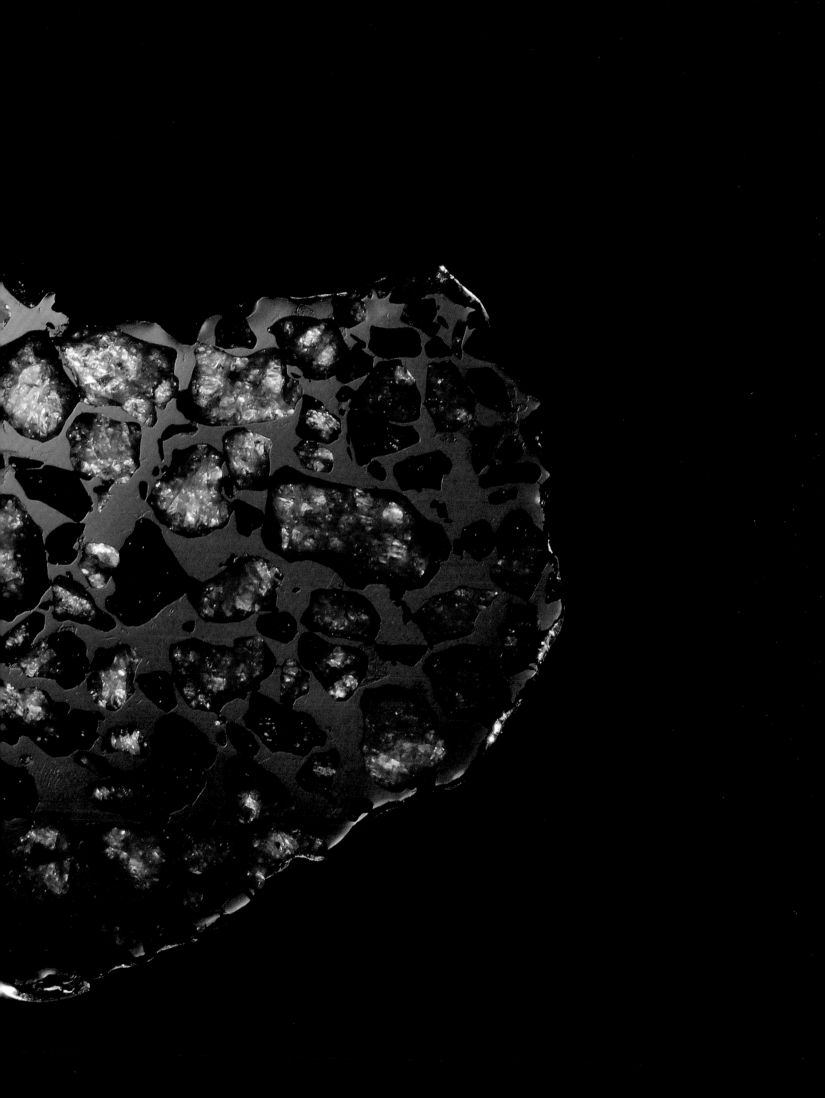

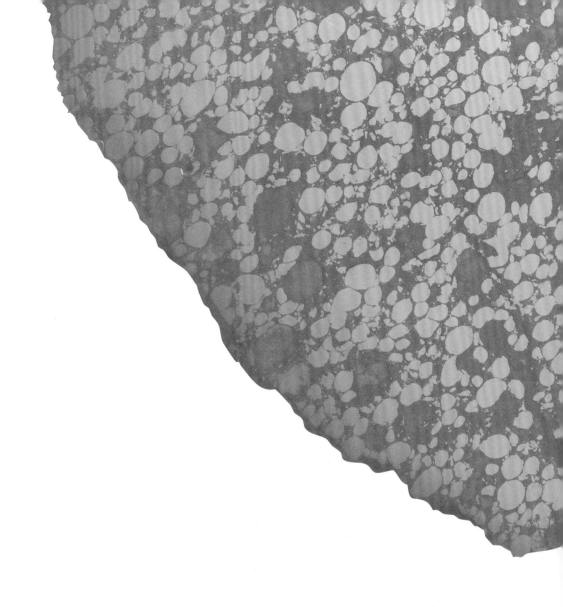

古杰巴陨石
Gujba

陨落地	尼日利亚	Place	Nigeria
陨落时间	1984 年 4 月 3 日	Date	April 3, 1984
类型	碳质球粒陨石（CBa）	Class	Carbonaceous Chondrite (CBa)
标本质量	155 克	Mass	155 g

古杰巴陨石是一种极为罕见的陨石，是目前为止唯一的目击 CB 型碳质球粒陨石，于 1984 年 4 月 3 日坠落在尼日利亚的玉米田中。在古杰巴陨石中，包含有很多直径为 0.4 毫米—8 毫米的圆形金属球和直径 0.8 毫米—15 毫米的硅酸盐球粒，以及陨硫铁和富钙铝难熔包体。据研究，古杰巴陨石是从大约 46 亿年前的星云气体中凝结而成，富含太阳系中最原始的物质，对研究行星早期形成过程具有重要的价值。

西北非 14982 陨石
NWA 14982

发现地	摩洛哥		Place	Morocco
发现时间	2019 年		Date	2019
类型	碳质球粒陨石（CV3）		Class	Carbonaceous Chondrite (CV3)
标本质量	8490 克		Mass	8490 g

西北非 14982 陨石在 2019 年被发现于摩洛哥，发现时重量约 25 千克，是近年来发现最大的 CV3 型碳质球粒陨石。天文馆收藏的标本是其中一个尾切，从切面处可以看到分布均匀的典型的球粒结构。此外，还可以看到陨石中有很多白色的"富钙铝难熔包体"，这些包体中蕴含着大量太阳系最原始的信息，具有极高的科研价值。

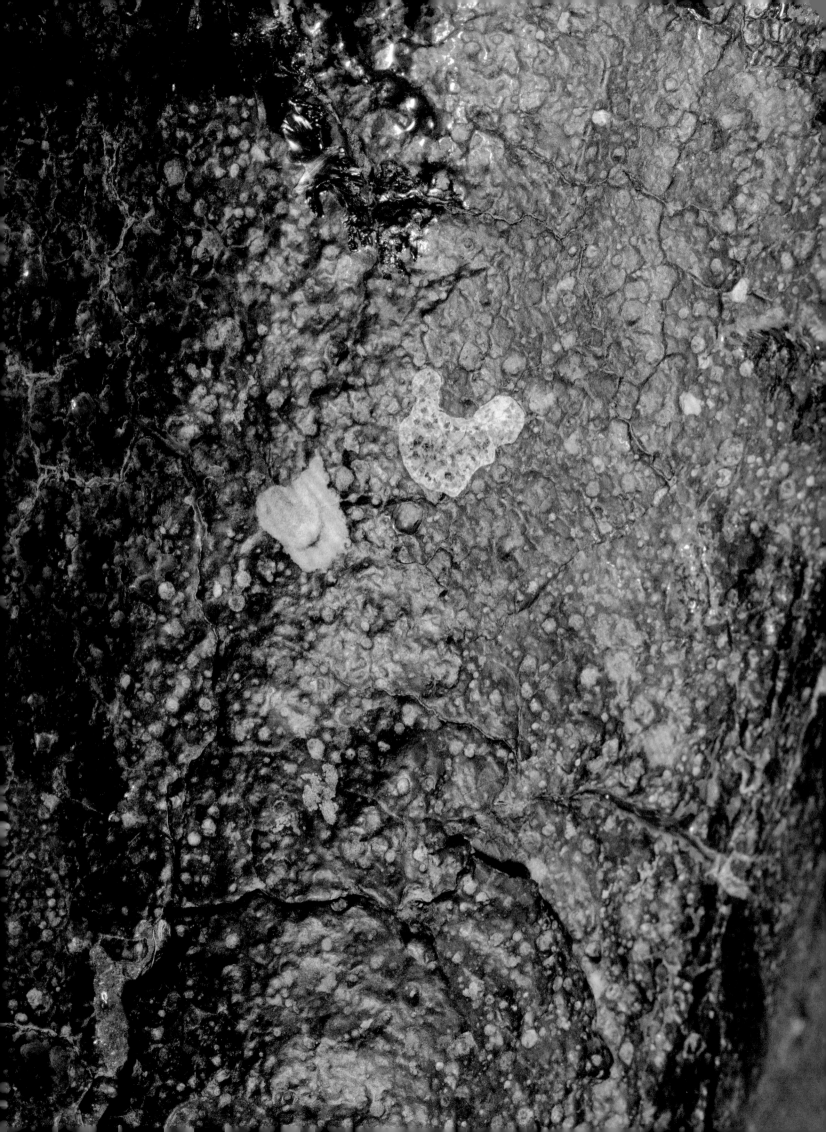

尉犁陨石
Yuli

发现地	中国	Place	China
发现时间	2015 年	Date	2015
类型	铁陨石（ⅠAB-MG)	Class	Iron（ⅠAB-MG)
标本质量	10 千克	Mass	10 kg
捐赠人	张勃	Donated by	Zhang Bo

尉犁铁陨石是首个以上海科技馆的名义申请国际命名的陨石样本，2015 年被发现于新疆尉犁，
2016 年在上海天文馆开工之际由上海市民张勃先生捐赠。这块铁陨石从外表来看并不起眼，
取样后由中国科学院紫金山天文台徐伟彪研究员初步分析，后由美国加州大学洛杉矶分校著名
铁陨石专家约翰·沃森（John Wasson）教授进行分类，最终确定为 IAB-MG 型。该陨石
的镍含量低于铁陨石的常规分类标准，非常稀有。2018 年国际陨石命名委员会根据其发现地
将其命名为"尉犁"。

承

3

传承有序

陨石有别于文物，陨石是自然遗留之物，文物是人类在历史发展过程中遗留下来的遗物、遗迹。一块古老的陨石伴随着人类社会发展，里面承载了人类的历史记忆，在这一点上与文物有着共同的属性。一件文物承载着几代人甚至更长的记忆，一块古老的陨石也是历经岁月洗礼，几代人传承有序保存至今。

"传承有序"的陨石藏品往往总是精品，不但本身具有相当的历史价值和科学价值，甚至还有一定的艺术价值。在上海天文馆中，有很多块陨石有着悠久的历史，记载了人类探索发现陨石的过程。1492 年人类最早记录并回收的昂西塞姆陨石，辗转了几个国家，在教堂和博物馆之间轮换，最后陈列在法国昂西塞姆博物馆中。这类"传承有序"的陨石藏品已不再是一块陨石标本，在它身上发生了太多的人文故事，已经成为人们难以忘却的记忆。

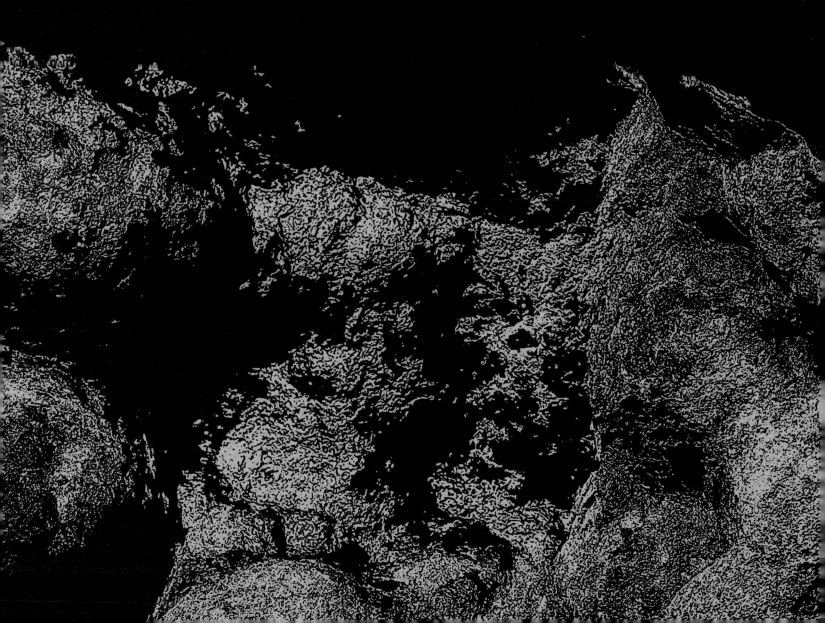

昂西塞姆陨石降落想象图

昂西塞姆陨石
Ensisheim

陨落地	法国	Place	France
陨落时间	1492 年	Date	1492
类型	普通球粒陨石（LL6）	Class	Ordinary Chondrite (LL6)
标本质量	4.9 克	Mass	4.9 g

昂西塞姆陨石是人类最早记录并回收的陨石，对后续陨石的研究和收藏有着重要意义。1492年 11 月 16 日上午 11:30 左右，一块大石头从天而降落在法国昂西塞姆附近的一块麦田中，当时一个小男孩目睹全过程。随着事件的消息传开，聚集在周围的居民，开始将石头切成碎片作为纪念品。马克西米利安一世被宣布为神圣罗马皇帝，他召集了议会以确定这一事件的重要性。他们认为，陨石是战争取得成功的有利兆头，于是将昂西塞姆陨石安置在当地的教区教堂中。1795 年它被送往科尔马博物馆，1804 年，再次回到了昂西塞姆教堂中，1854 年后存放于坐落在昂西塞姆镇的昂西塞姆博物馆中。如今的昂西塞姆陨石只剩下 53 千克了，在这五百多年间，它在不同的国家中来回转移，被切割后的小块分散在世界各地的博物馆及个人手中。

约克角陨石
Cape York

发现地	格陵兰	Place	Greenland
发现时间	1818 年	Date	1818
类型	铁陨石（Ⅲ AB)	Class	Iron(Ⅲ AB)
标本质量	41.7 千克	Mass	41.7 kg

约克角铁陨石最先由英国探险家约翰·罗斯在 1818 年发现于格陵兰岛。在罗斯到达格陵兰岛后发现当地因纽特人使用的刀和鱼叉完全是由金属制成，询问得知制作工具的金属来自一块巨大的铁石。后来罗斯把铁石样本带回欧洲才得知制作工具的金属材料是铁陨石。1894 年，美国北极探险家罗伯特·皮里在当地人的帮助下找到了重约 30000 千克的 Ahnighito 铁陨石，他花了整整三年的时间，才把这块铁陨石装上船运回到美国，为此还建造了当时格陵兰岛唯一的一条小而短的铁路，这块陨石现收藏于美国自然历史博物馆。随后陆续又发现七块约克角陨石，分别是 20000 千克的 Agpalilik、3400 千克的 Savik I、3000 千克的 Woman、400 千克的 Dog、250 千克的 Tunorput、48.6 千克的 Thule 和 7.8 千克的 Savik II。

上海天文馆收藏的这块 41.5 千克的切片是从哥本哈根地质博物馆收藏的 Agpalilik 上切割下来的。

T.
1CM

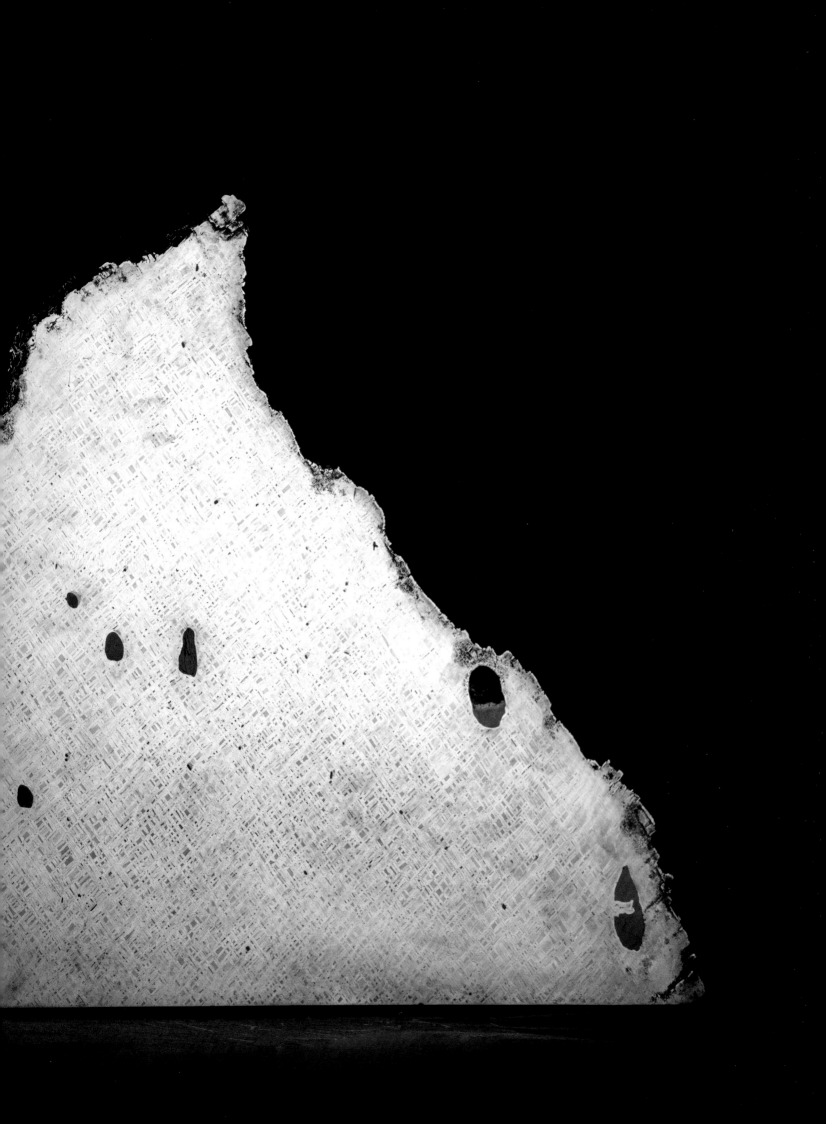

陨流铁

阿林陨石
Sikhote-Alin

陨落地	俄罗斯	Place	Russia
陨落时间	1947 年 2 月 12 日	Date	February 12, 1947
类型	铁陨石（ⅡAB）	Class	Iron（ⅡAB）
标本质量	135.7 千克	Mass	135.7 kg

1947 年 2 月 12 日上午 10:38 左右，在俄罗斯符拉迪沃斯托克东北部的锡霍特阿林山脉中发生了一次近百年来唯一的目击铁陨石陨落的事件。人们看到火流星大约在 4 千米—6 千米的高空发生剧烈爆炸，在天空留下几十千米长的烟尘痕迹，而且在距离撞击点三百多千米远的地方都能听到撞击声。碎块散落了近百平方千米的范围，在约 1.6 平方千米的椭圆形区域里，形成 120 多个大小不一的陨石坑，最大的陨石坑深 6 米，直径 26 米。在 1947 年至 1950 年间，俄罗斯科学院派在撞击地点先后收集了大约 8500 个样本，从 1 克到 1745 千克，总计超过 23000 千克。这次陨石陨落过程中有着几次明显的碎裂过程，在高速运动中碎裂后的陨石碎块呈现弹片的形态。在低速时候碎裂形成的陨石碎块呈现丰富的气印特征。为纪念这次陨石陨落事件十周年，还发行了相关的纪念邮票。

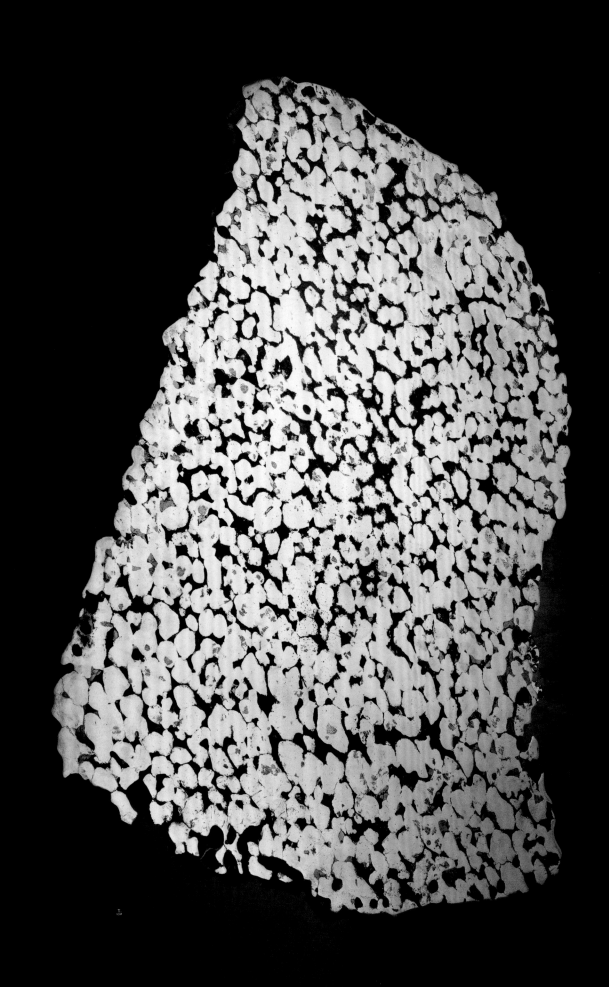

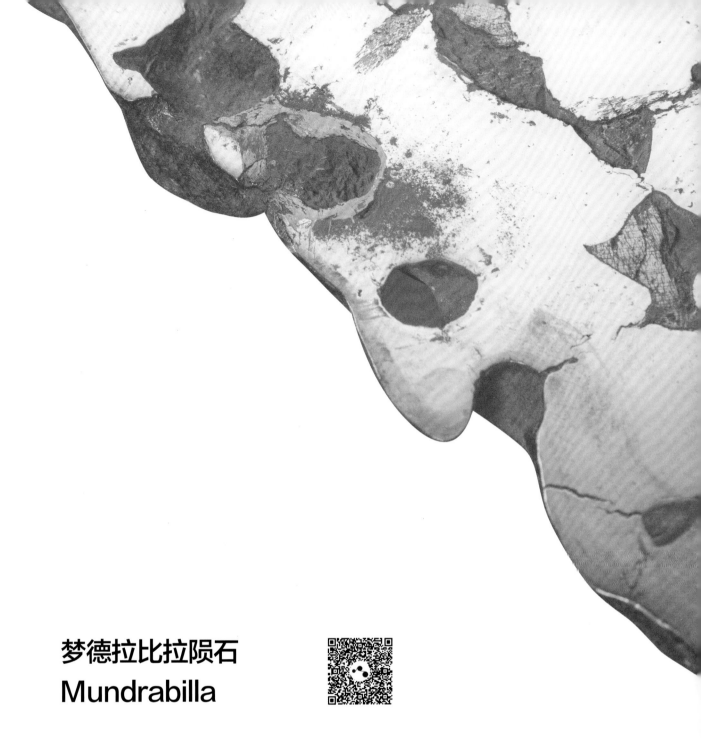

梦德拉比拉陨石
Mundrabilla

发现地	澳大利亚	Place	Australia
发现时间	1911 年	Date	1911
类型	铁陨石（IAB-ung）	Class	Iron(IAB-ung)
标本质量	48 千克	Mass	48 kg

1911 年，一位铁路工人在澳大利亚西部的纳拉伯平原首次发现了铁陨石碎块。后来在 1918 年到 1965 年间，在这一地区又陆陆续续发现了多个铁陨石碎块。1966 年 4 月，威尔逊（R.B.Wilson）和库尼（A.M.Cooney）在这一地区发现了两块很大的铁陨石，分别重 12.4 吨和 5.44 吨，这块重 12.4 吨的铁陨石是澳大利亚迄今发现的最大陨石，现保存于西澳大利亚博物馆里，后来这些铁陨石被命名为梦德拉比拉。该标本是梦德拉比拉铁陨石的一个切片，硅酸盐和铁镍金属结合的纹理在所有铁陨石中显得非常特别，切面布满圆孔，令人过目不忘。2018 年 3 月，科学家在梦德拉比拉铁陨石中发现了自然存在的超导材料，这也是首次在陨石中发现的超导材料。

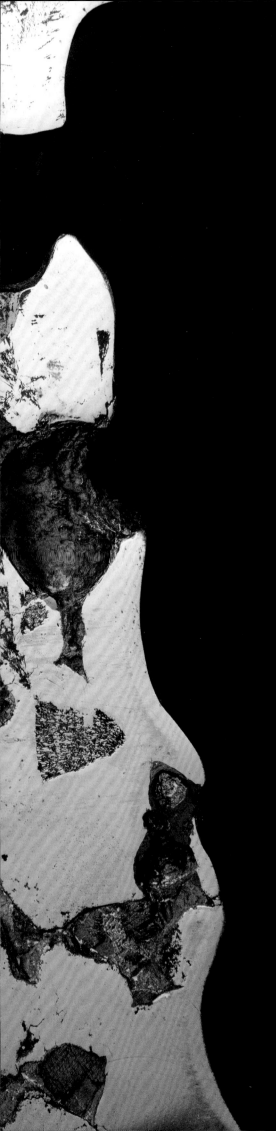

利迈河陨石
Rio Limay

发现地	阿根廷	Place	Argentina
发现时间	1995 年 8 月 5 日	Date	August 5, 1995
类型	普通球粒陨石（L5 & impact）	Class	Ordinary Chondrite (L5 & impact)
标本质量	7500 克	Mass	7500 g

T.
1CM

霍巴陨石
Hoba

发现地	纳米比亚	Place	Namibia
发现时间	1920 年	Date	1920
类型	铁陨石（IVB）	Class	Iron(IVB)
标本质量	54.8 克	Mass	54.8 g

霍巴陨石是迄今为止在地球上发现的最大单体陨石，呈板状，厚 1 米，边长约 3 米，重量大约为 60 吨。据推测降落于八万年前。它是于 1920 年纳米比亚的一位农民在耕地时，被犁撞击后发现的。令人惊讶的是，在发现陨石的位置并没有找到陨石坑，科学家推测霍巴陨石是以比较低的速度降落地面的。在其周围土壤中发现了大量的铁氧化物，表明霍巴陨石在侵蚀之前是远远大于 60 吨的。1955 年 3 月，霍巴陨石被宣布为国家历史文物。1987 年，陨石周围的地区被捐赠给了美国国家古迹理事会。纳米比亚政府已宣布该陨石及其所在地为国家历史遗迹，现在每年有成千上万的人到访这里。

霍巴主体陨石场景图

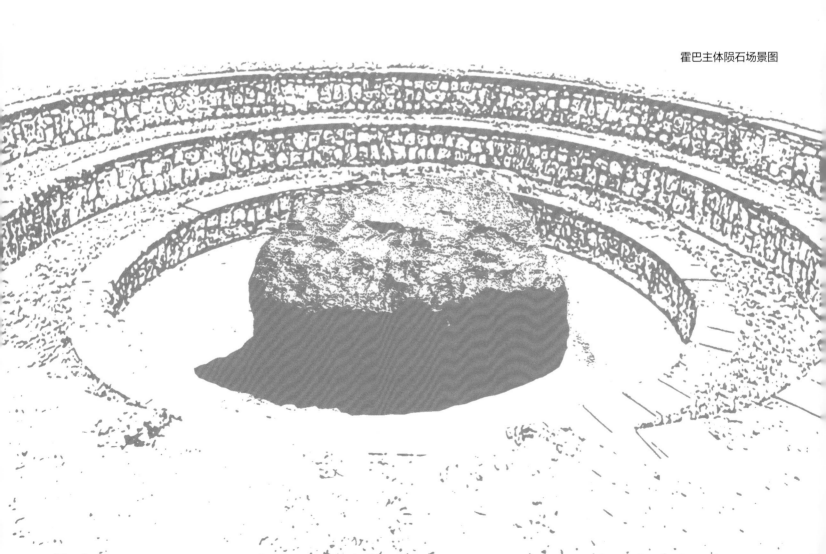

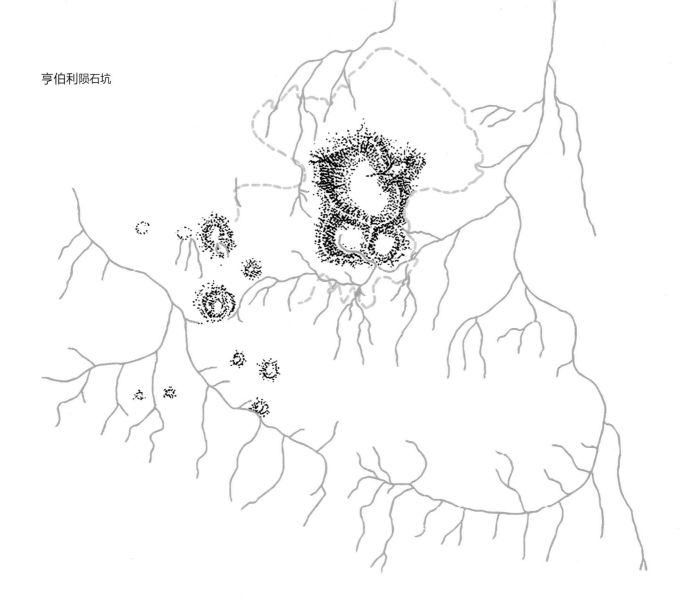

亨伯利陨石
Henbury

发现地	澳大利亚	Place	Australia
发现时间	1931 年	Date	1931
类型	铁陨石（IIIAB）	Class	Iron（IIIAB）
标本质量	32 千克	Mass	32 kg

亨伯利陨石，大约在 4700 年前坠落在澳大利亚中北部地区。陨石撞击地表产生了十几个陨石坑，其中最大的陨石坑宽约 180 米，深度达 15 米。起初，人们都认为这些陨石坑是火山口，直到 1916 年马克斯·米切尔发现一块陨铁后，才意识到它们是陨石坑。1931 年奥尔德曼等科学家发现了陨石坑的撞击证据，后来在陨石坑的周围发现了几百颗陨石，总量超过两吨，其中最重的约 100 千克。亨伯利陨石有着自身的特点，外表皮色为铁锈色并附着有当地特有的红色黏土，1 千克以上个体表面充满气印。如今，亨伯利陨石坑区域已经变为保护区，成为了一个很受欢迎的旅游胜地。

巴林杰陨石坑

迪亚布罗峡谷陨石
Canyon Diablo

发现地	美国	Place	U.S.A.
发现时间	1891 年	Date	1891
类型	铁陨石（IAB-MG）	Class	Iron(IAB-MG)
标本质量	34 千克	Mass	34 kg

迪亚布罗峡谷铁陨石大约于五万年前坠落在美国亚利桑那州，在地面形成了直径约 1200 米的巴林杰陨石坑。起初人们一直认为这是个死火山口，但是在周边并没有火山曾经爆发的痕迹。直到 20 世纪 50 年代彗星天文学家尤金·舒梅克研究之后才得知是陨石坑。早在 19 世纪中期，当地原著居民就已经在陨石坑周围搜集并使用迪亚布罗峡谷铁陨石了，只是当时还不知道是陨石。后来随着人们认识的提升和进一步的寻找，在陨石坑周围十多千米范围内发现了很多的迪亚布罗峡谷铁陨石碎块，数量多达两万多块，其中最大的重达 639 千克，目前在巴林杰陨石坑游客中心展出，其他较大的碎块在世界各地博物馆中均有展出。

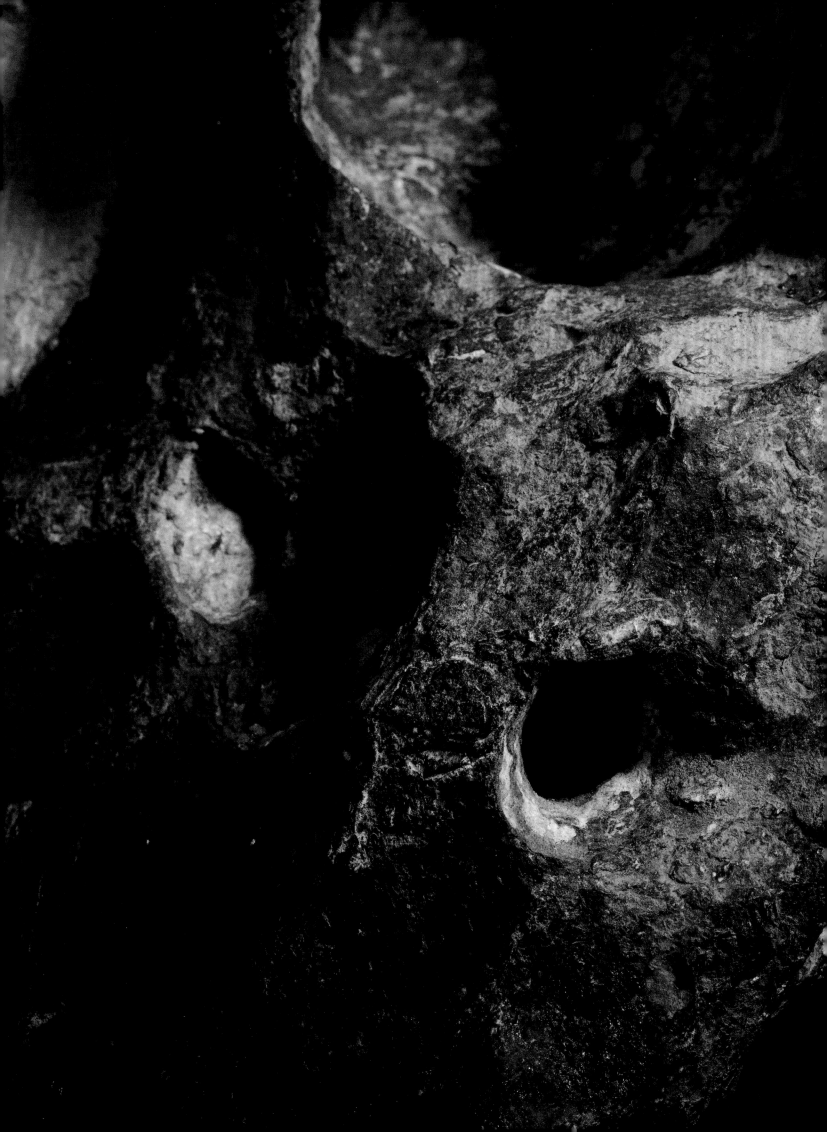

吉丙陨石
Gibeon

发现地	纳米比亚	Place	Namibia
发现时间	1836 年	Date	1836
类型	铁陨石（IVA）	Class	Iron（IVA）
标本质量	32.6 千克	Mass	32.6 kg

1836 年，吉丙铁陨石最先由荷兰人在纳米比亚沙漠中发现，在发现前当地土著人用它来制造工具和武器的历史就已经有数千年了。随着欧洲人在该地区建立了大型养牛场，在更大的范围更多的陨石被发现，有的重量达几百千克。研究证实在这里曾发生过一次大规模的铁陨石雨，形成的陨落区宽 120 千米，长 275 千米，是世界上第二长陨石陨落带。吉丙铁陨石是典型的八面体结构，酸腐后有着公认的最美的维斯台登结构，而且有着良好的抗氧化性。2004 年，纳米比亚政府通过了一项新的《国家遗产法》，并禁止陨石出口。今天，广泛分布在博物馆和私人手中的吉丙铁陨石通常是在禁令之前从南非出口的。

T.
1CM

佩纳布兰卡泉陨石
Peña Blanca Spring

陨落地	西撒哈拉	Place	Western Sahara
陨落时间	1946 年 8 月 2 日	Date	August 2, 1946
类型	顽辉无球粒陨石	Class	Aubrite
标本质量	23.2 克	Mass	23.2 g

佩纳布兰卡泉陨石于 1946 年 8 月 2 日下午降落在美国得克萨斯州的一个天然的泉水池塘，有 24 人亲眼目睹了这一陨石降落事件。后来池塘旁的两户人家将池塘中的水放掉之后在池塘的底部发现有个陨石砸的坑，在坑里找到很多小碎块，在坑外找到两块陨石，一块重 47 千克，另外一块重 13 千克。后来美国自然博物馆的科学家们对陨石样本进行了分类研究，该陨石外壳呈乳白色，具有非常粗糙的碎裂斑状结构，分类结果为稀有的顽辉无球粒陨石。直到 20 世纪 80 年代，著名陨石收藏家罗伯特·黑格购买后，才有更多的切块被流通和收藏。

4 极 地球之极

在地球上像南极、沙漠、高原这些地方都是人类居住的极端恶劣环境，人烟稀少。然而越是这种环境恶劣的地方反而是陨石保存的极佳之地。这些地方的共同特点就是湿度低，较为干燥，而干燥的环境是陨石保存下来的必要条件。干燥的环境再加上极少有人出入，使得地球上的这些地区成了陨石富集的宝库，在南极洲和沙漠中发现的陨石都已达到几万块，很多国家前往南极考察的一项任务就是搜集陨石。

在这些地方搜集的陨石大大丰富了陨石的分类图谱，其中很多种类稀有的陨石就是在这些地方被发现。比如有"黑美人"称号的火星陨石 NWA 7034 被发现于摩洛哥沙漠；第一块发现型的月球陨石 Yamato 791197 采自南极洲。

格罗夫山 022021
GRV 022021

发现地	南极	Place	Antarctica
发现时间	2003 年 1 月 20 日	Date	January 20, 2003
类型	普通球粒陨石（LL5）	Class	Ordinary Chondrite (LL5)
质量	2582 克	Mass	2582 g
收藏单位	中国极地研究中心（中国极地研究所）		

格罗夫山 022021 南极陨石是在 2003 年中国第 19 次南极科考过程中由桂林理工大学缪秉魁发现，发现位置为南极格罗夫山，经度 75°19′01″E，纬度 72°46′50″S，本次南极科考共收集到南极陨石 4448 块。

✐ 为了尽可能保持其原始状态减少氧化和污染，南极陨石在运输过程中一直保存在冰库中，到达中国极地研究中心后也是保存在冰库中的。

格罗夫山 053689
GRV 053689

发现地	南极	Place	Antarctica
发现时间	2006 年 1 月 20 日	Date	January 20, 2006
类型	普通球粒陨石（H4）	Class	Ordinary Chondrite (H4)
质量	1768 克	Mass	1768 g
收藏单位	中国极地研究中心（中国极地研究所）		

格罗夫山 053689 南极陨石是在 2006 年中国第 22 次南极科考过程中由徐霞兴发现，发现位置为南极格罗夫山，经度 75°21′05″E，纬度 72°49′32″S，本次南极科考共收集到南极陨石 5282 块。1912 年，大洋洲南极考察队首次在南极发现陨石。南极寒冷干燥的气候条件有利于陨石的保存，数百万年来冰川的移动和消融形成了特殊的陨石富集机制。20 世纪 70 年代起，美国和日本组织多次南极陨石搜寻工作，发现了多个陨石富集区。中国南极考察队自 1998 年起，在格罗夫山地区开展了六次陨石搜寻工作，共收集到一万多块陨石，是世界上拥有南极陨石数量最多的国家之一。

✍ 按照国际惯例，南极陨石编号由地名 + 发现时间 + 顺序号组成。在格罗夫山收集的陨石编号为 GRV+ 时间 + 顺序号，如 GRV 053689，GRV 为格罗夫山地名（Grove Mountains）缩写，05 为 2005 年至 2006 年间采集，3689 为该季收集的第 3689 块陨石。

未命名石陨石
Unnamed

发现地	西北非	Place	Northwest Africa
发现时间	2018 年	Date	2018
类型	普通球粒陨石	Class	Ordinary Chondrite
标本质量	50.6 千克	Mass	50.6 kg

该陨石在 2018 年被发现于西撒哈拉沙漠，是一块完整的定向石陨石，整体呈圆形。定向的一面充满气印结构，在边缘有丰富的熔流线。从其外表来看，保留了颗粒状的表皮，说明这块陨石降落到地面的时间不是很长。这块定向石陨石是近年来发现的最大的一块，重达 50.6 千克，非常稀有。

✍ 当一块标本通过基本特征就可以判断是陨石，但是后续未做详细分类以及未完成提交国际命名的工作，这一类陨石都叫未命名陨石。

未命名石陨石
Unnamed

发现地	西北非	Place	Northwest Africa
发现时间	2017 年	Date	2017
类型	普通球粒陨石	Class	Ordinary Chondrite
标本质量	3443 克	Mass	3443 g

这块陨石在 2017 年被发现于西北非沙漠，是一块定向陨石，整体呈圆锥形，形似弹头。这样独特的外形是因为流星体在飞行的过程中外形进行了重塑。当流星体穿过地球大气层时，并没有发生翻滚，而是稳定地保持原有飞行状态，按照某一固定的方向直到落入地面。与大气层接触的一面，产生了剧烈的摩擦，高温、高压的气流对陨石表面进行烧蚀，形成气印和熔流线。表面熔融的物质随着气流被吹到流星体的尾部，形成"翻折"边缘。这种外形的陨石较为稀少，对其外形的研究成果多应用于航空、大气科学等领域。

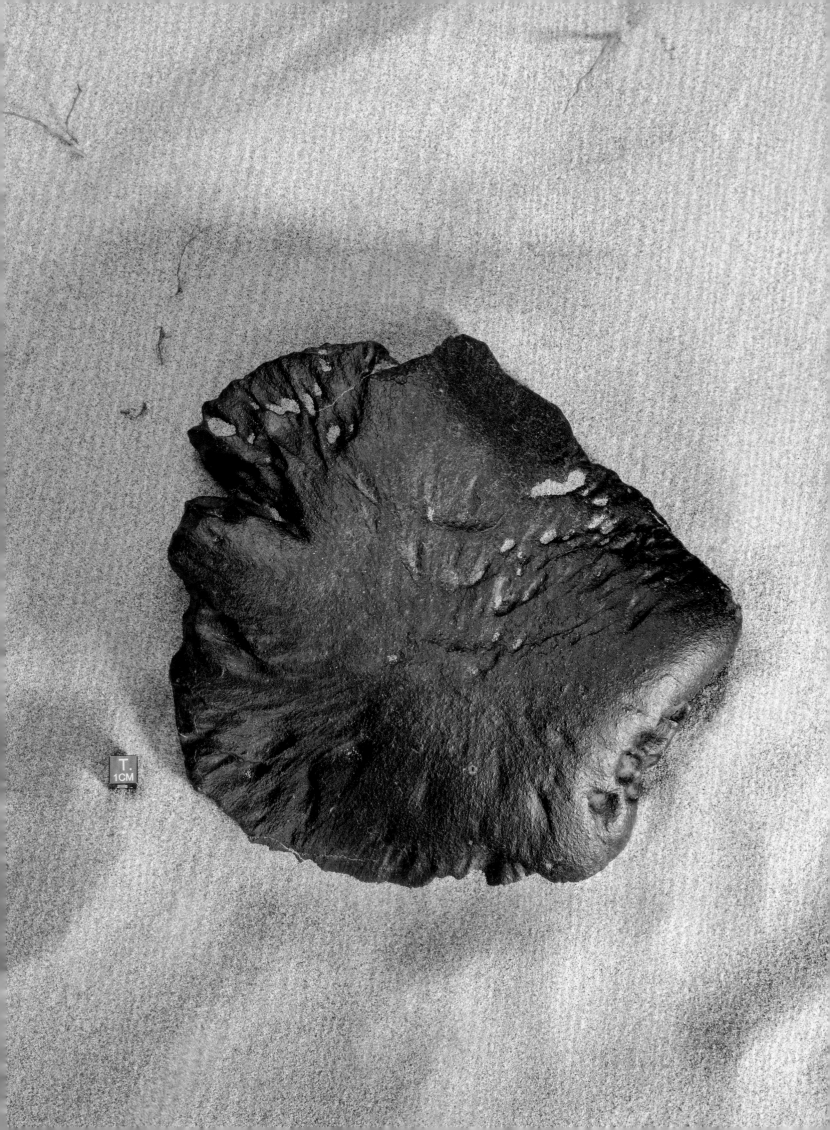

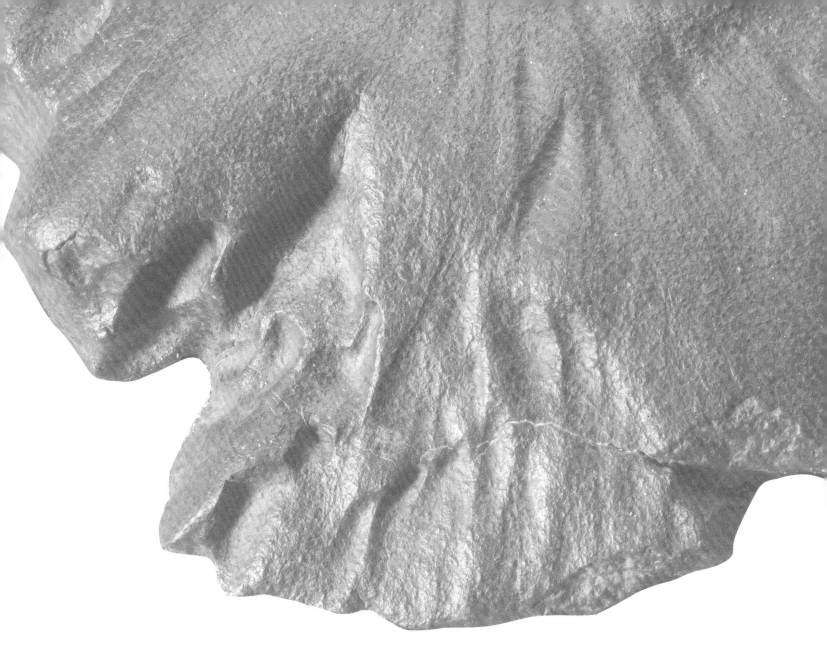

未命名石陨石
Unnamed

发现地	西北非	Place	Northwest Africa
发现时间	2018 年	Date	2018
类型	普通球粒陨石	Class	Ordinary Chondrite
标本质量	3089 克	Mass	3089 g

这块陨石在 2018 年被发现于西北非沙漠，是一块外形特殊的定向陨石，整体呈扁平状，跟一块石板相当，是定向陨石中较为罕见的外形。陨石表面呈深褐色，保留了沙漠中的色泽。定向的一面具有丰富的熔流线，熔流线从石头向四周扩散，气印多为细长结构，在陨石的边缘有多处为"翻折"状。根据其罕见的外形称之为板状定向石陨石。

未命名铁陨石
Unnamed

发现地	中国	Place	China
发现时间	2017 年	Date	2017
类型	铁陨石（未分群）	Class	Iron (Ungrouped)
标本质量	38.5 千克	Mass	38.5 kg

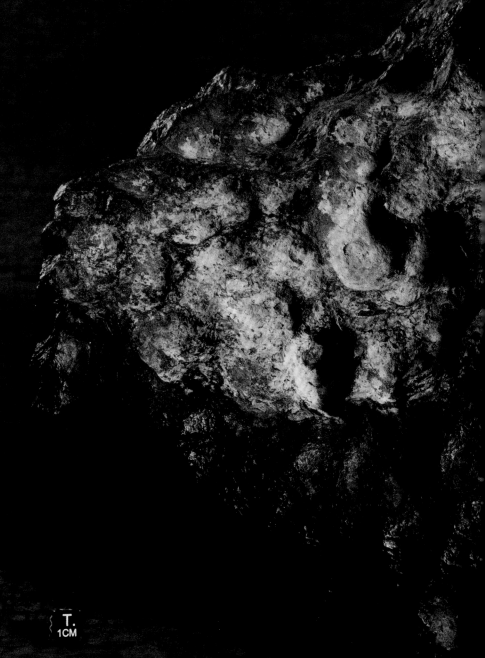

T.
1CM

2017 年 8 月，一位牧民在西藏那曲市尼玛县附近的羌塘自然保护区发现了一块定向铁陨石，发现位置海拔 5000 多米。这是近几十年在西藏发现的唯一一块铁陨石，这块陨石非常新鲜，整个外表充满气印，一面具有明显的定向陨石特征。该铁陨石经取样后寄往加州大学洛杉矶分校约翰·沃森教授，沃森教授历时两年，多次对比化验分析发现在类型上并没有与其匹配的铁陨石，最终将这块铁陨石划分为未分群铁陨石。

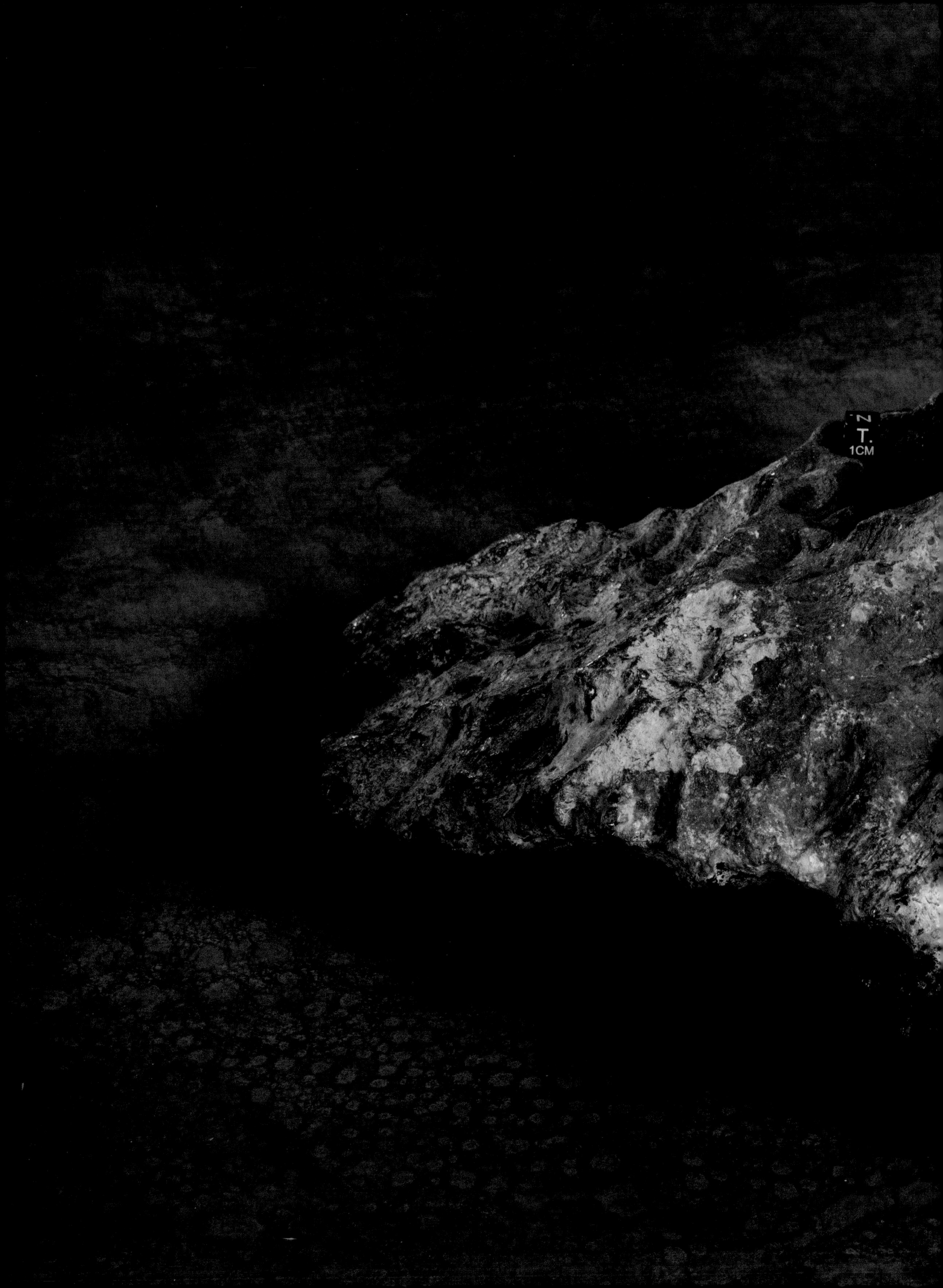
N
T.
1CM

5 疑

疑云重重

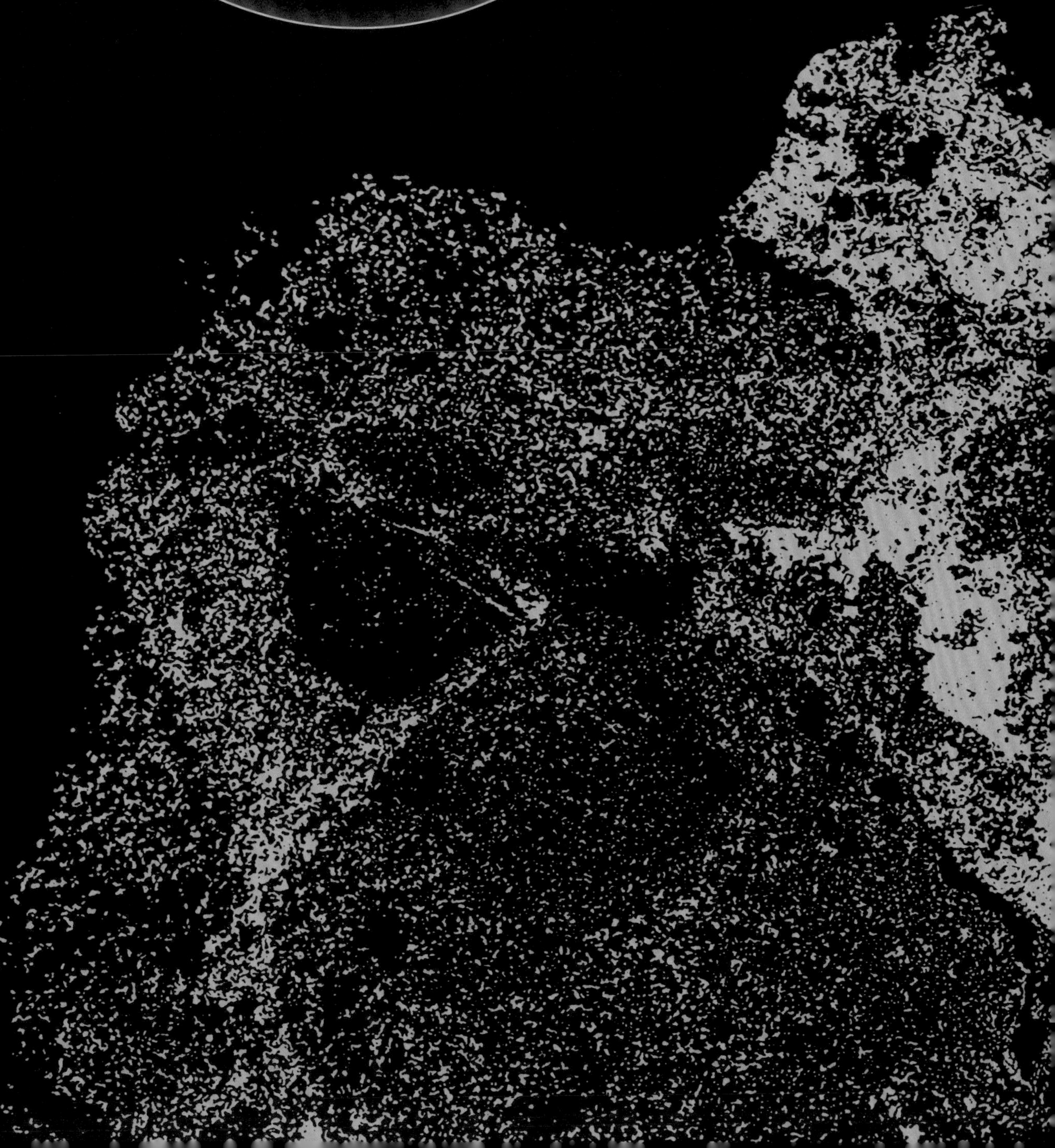

生命的种子来自哪里，是否来自外太空？地球上的水又来自哪儿？我们有太多的未知。从天而降的陨石犹如一把钥匙，打开了探寻神秘天外信息的大门，陨石也像是一个时间胶囊，从中可以寻找远古遗留的蛛丝马迹。

我们知道太阳系形成于约 46 亿年前，然而在默奇森碳质球粒陨石中找到了地球上最古老的物质，距今 75 亿年，这种物质形成于太阳系诞生之前的恒星之中。在伊武纳碳质球粒陨石中发现有谷氨酸和丙氨酸等构成生命的必要物质，这块陨石的成分与日本隼鸟 2 号采集的近地小行星龙宫（Ryugu）样品非常相似。从地球上寻找到的几万块陨石中，科学家们逐渐解开了太阳系形成和演化的轨迹，然而还有很多的谜团困扰着人们。比如地球上的水是不是来自外太空，地球上生命的种子是不是由陨石携带到地球等等，希望能有更多的陨石被发现，期待谜团早日揭开！

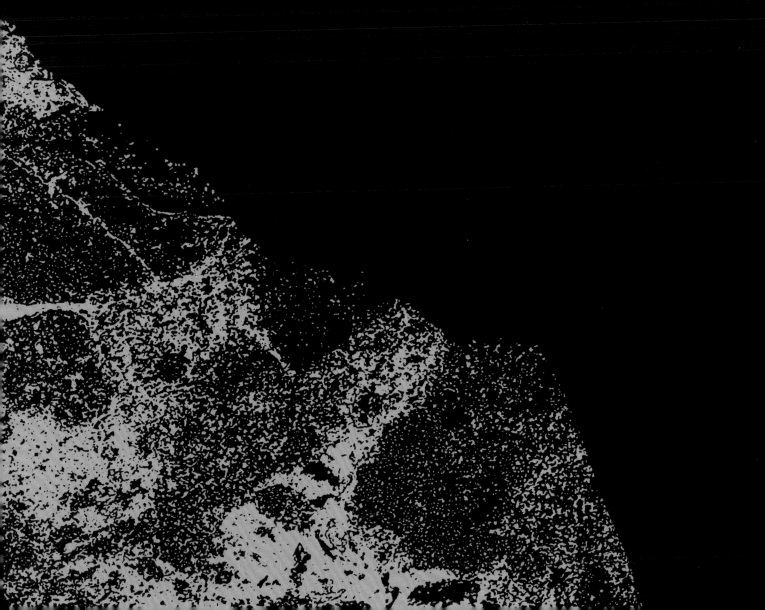

西北非 12869 陨石
NWA 12869

发现地	毛里塔尼亚	Place	Mauritania
发现时间	2019 年	Date	2019
类型	原始无球粒陨石	Class	Primitive Achondrite
标本质量	930 克	Mass	930 g

西北非 12869 是一块原始无球粒陨石，该类陨石数量非常少，全球仅有 15 块（截止发稿时），是上海天文馆馆藏年龄最老的一块陨石。这块陨石有着与 CR/CH 碳质球粒陨石相似的氧同位素组成，与 NWA 3250 和 NWA 11112 一起被划分为一个新的原始无球粒陨石亚群，这些样本指示在太阳系早期，内外太阳系的熔融和分异可能是同时发生的，为雪线以外的星子形成和原行星盘演化提供了极其重要的线索。

1CM

西北非 10519 陨石
NWA 10519

发现地	毛里塔尼亚	Place	Mauritania
发现时间	2015 年	Date	2015
类型	顽辉石无球粒陨石（未分群）	Class	Enstatite Achondrite (Ungrouped)
标本质量	404 克	Mass	404 g

西北非 10519 看上去像是中铁陨石，实际上是一块未分群的顽辉石无球粒陨石。从陨石的切面可以看到这块陨石有着丰富的金属脉，科学家提出这类陨石是由冲击熔融形成的。但是对稀有气体研究表明它们是相当原始的无球粒陨石，最终还没有确切的结论。目前这块陨石的很多切片被众多博物馆收藏，因其类型特殊，所以具有极高的收藏价值和研究价值。

未命名石陨石
Unnamed

发现地	阿尔及利亚	Place	Algeria
发现时间	2019 年	Date	2019
类型	普通球粒陨石（H7）	Class	Ordinary Chondrite (H7)
标本质量	9290 克	Mass	9290 g

这块陨石在 2019 年被发现于阿尔及利亚，发现时重量约 40 千克。上海天文馆收藏的这块陨石是其中一个尾切，从切面上可以看出 H7 型的陨石没有球粒结构，金属颗粒均匀分布。这个类型目前研究认为是介于球粒陨石和无球粒陨石中间的一种状态，对于研究从球粒陨石过渡到无球粒陨石有重要意义。这一类型的陨石在国际陨石数据库中只有 25 条记录，种类非常稀有。

T.
1CM

伊武纳陨石
Ivuna

陨落地	坦桑尼亚	Place	Tanzania
陨落时间	1938 年 11 月 16 日	Date	November 16, 1938
类型	碳质球粒陨石（CI1）	Class	Carbonaceous Chondrite (CI1)
标本质量	1.9 克	Mass	1.9 g

伊武纳陨石的成分与日本隼鸟 2 号采集的近地小行星龙宫样品相似，在其中发现有谷氨酸和丙氨酸等构成生命的必要物质。这块陨石于 1938 年降落在坦桑尼亚境内，是非常少见的一类碳质球粒陨石，到目前为止，CI 碳质球粒陨石共收集到九次，其中五次为目击降落，四次为日本考察队在南极发现。这类陨石经历了严重的水蚀变，主要由细粒的含水层状硅酸盐组成；除挥发性元素外，伊武纳陨石的化学成分几乎与太阳光球层一致，被认为代表了太阳系的平均化学组成，是极其珍贵的标本。科学家认为其形成于行星盘的外部，能揭示太阳系早期的演化过程。

✎ Ivuna 陨石的名字被确立为这一细化族群的名称 CI——意为 The Ivuna like chemical group of carbonaceous chondrites。

阿瓜斯萨卡斯陨石
Aguas Zarcas

陨落地	哥斯达黎加	Place	Costa Rica
陨落时间	2019 年 4 月 23 日	Date	April 23, 2019
类型	碳质球粒陨石（CM2）	Class	Carbonaceous Chondrite (CM2)
标本质量	260 克	Mass	260 g

阿瓜斯萨卡斯陨石被称为是 21 世纪的"默奇森"。2019 年 4 月 23 日降落于哥斯达黎加。当地多人目击了这一陨落事件，降落的陨石碎块有数百块，重量小到 0.1 克，大到 1868 克。经氧同位素测量，陨石科学家将其划分为碳质球粒陨石 CM2 型，是总量第二大的 CM2 型陨石。上海天文馆这块陨石是在前六天未下雨时回收的，没有受到地表污染，保存完好。陨石具有蓝色的熔壳，闻起来有类似默奇森碳质球粒陨石的味道。科学家发现阿瓜斯萨卡斯陨石的成分与小行星本努相似，在陨石中富含水以及水溶性有机物，具有极高的研究价值。

德奥比格尼陨石
D'Orbigny

发现地	阿根廷	Place	Argentina
发现时间	1979 年	Date	1979
类型	钛辉无球粒陨石	Class	Angrite
标本质量	152 克	Mass	152 g

德奥比格尼陨石是目前已知最大的钛辉无球粒陨石。1979 年 7 月，阿根廷的一位农民在一块玉米地里犁地时发现了它，起初它被认为是印第安人留下来的文物，被送与农场主并保存了20 年，直到 1998 年一次偶然的陨石电视节目引起了人们的怀疑，2000 年农场主将该陨石样品送到维也纳的自然历史博物馆，才最终证实这是一块非常罕见的钛辉无球粒陨石。这颗陨石有着非常多的孔隙，里面有着大量的辉石晶簇结构和丰富的玻璃质成分，是从球粒陨石形成无球粒陨石的岩石记录，具有非常高的科研价值。

西北非 11782 陨石
NWA 11782

发现地	马里	Place	Mali
发现时间	2018 年	Date	2018
类型	普通球粒陨石（L3）	Class	Ordinary Chondrite (L3)
标本质量	10 千克	Mass	10 kg

西北非 11782 是一块 L3 型的普通球粒陨石，2018 年发现于马里，发现时为 25 千克。上海天文馆收藏的这块是其中一个尾切，3 型石陨石保留了丰富的太阳系形成之初的物质，尤其是球粒看起来完整无缺。从这块陨石的切面可以看到丰富的完整球粒，还有很多大颗粒的硫化物晶体和富氯的磷灰石。具有极高的收藏价值和研究价值。

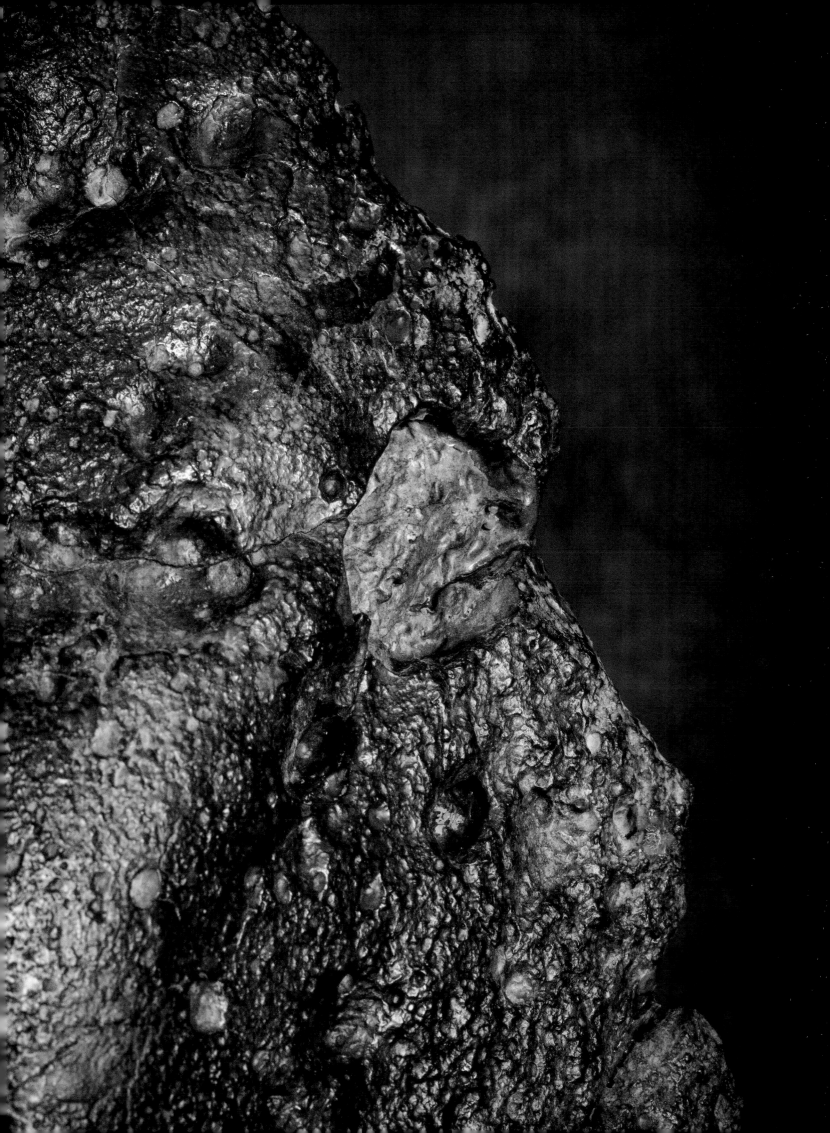

6

撼

撼动心灵

当无数人在仰望星空的那一刻，或许会偶遇一颗流星从天空一划而过，人们的心情激动万分，纷纷闭上双眼，双手合起进行许愿。如果是一颗火流星从天而降，在夜空中穿过的一瞬间，会发出万丈光芒，犹如星系中的超新星爆炸一般，照亮整个地面，有时还会伴随打雷一般的声响。如果降落的是一场陨石雨，则是惊天动地、撼动心灵。

1976 年 3 月 8 日，在中国吉林省吉林市发生了一场大型陨石雨，降落了全球最大的陨石——吉林一号陨石。在后续的四十余年间，中国共发生了随州陨石雨、郓城陨石雨、西宁陨石雨、曼桂陨石雨，每一场陨石雨都给当地人带来了不少的心灵震撼，引发人们的热议，更是为科学家们研究外太空送来了宝贵样本。2013 年降落在俄罗斯车里雅宾斯克的陨石雨不仅在白天给人们展示了陨石雨降落的震撼，更是给俄罗斯当地居民造成了不少的伤害。我们甚至可以脑补世界最大陨石雨——阿勒泰陨石雨降落的壮观场景，它在新疆大地形成了长达 430 千米的陨落带。

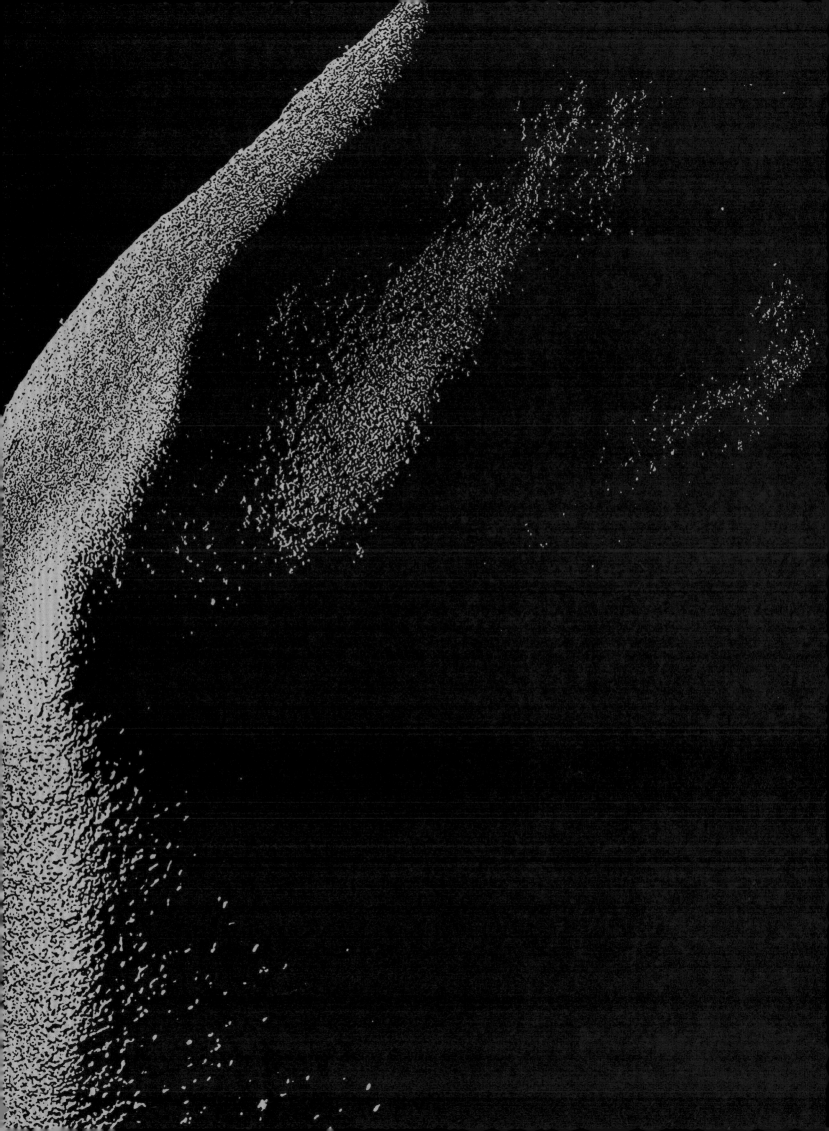

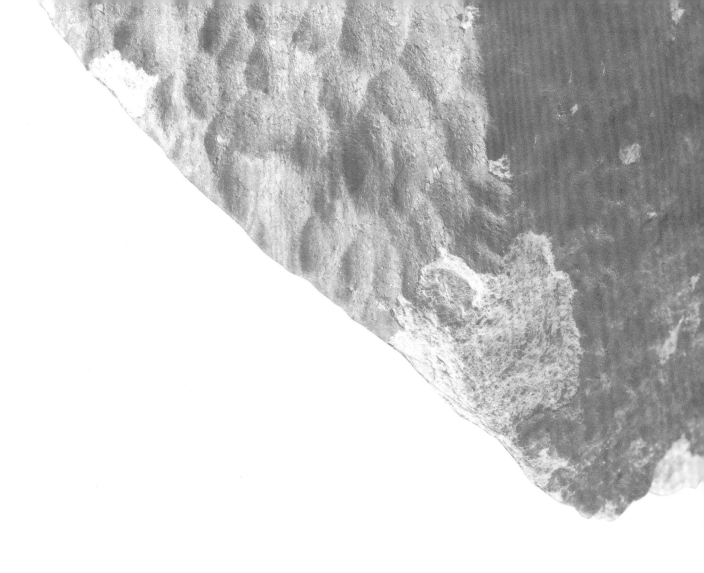

随州陨石
Suizhou

陨落地	中国	Place	China
陨落时间	1986 年 4 月 15 日	Date	April 15, 1986
类型	普通球粒陨石（L6）	Class	Ordinary Chondrite (L6)
标本质量	1648 克	Mass	1648 g

1986 年 4 月 15 日 18:55，在我国湖北省随州市淅河镇大堰坡乡陨落了 1949 年以来第二大陨石雨。中国科学院地球化学研究所和随州市科委组成联合考察组，对这次陨石雨进行了实地调查和收集。经调查发现随州陨石雨母体在距离地球一万米的高空发生主爆裂，在较低的位置又发生了二次爆裂，形成的散落区为西南至东北走向，呈不对称椭圆形分布，面积达 15 平方千米，共收集到陨石总重量超过 260 千克，其中最大的一块陨石重达 55 千克。随州陨石具有很高的科研价值，我国科学家在随州陨石中发现了谢氏超晶石、涂氏磷钙石等多种新矿物。上海天文馆收藏的这块随州陨石是 2016 年从美国最大的收藏家手中回购而得。

鄄城陨石
Juancheng

陨落地	中国	Place	China
陨落时间	1997 年 2 月 15 日	Date	February 15, 1997
类型	普通球粒陨石（H5）	Class	Ordinary Chondrite (H5)
标本质量	1471 克	Mass	1471 g

1997 年 2 月 15 日，深夜 23:25，一颗火流星划破沉寂的夜空，并在空中发生了爆炸，很多人因巨大的爆炸声而从睡梦中惊醒。在山东省鄄城县发生了一次大规模的陨石陨落事件，据报道，陨落的陨石有的穿透屋顶，有的落在炉子上的锅里。在后续的几天里，当地人陆陆续续收集了一千多块陨石，大多数重量在十几克到几十克之间，其中最大的一块重约 5 千克，总重量超过 100 千克。这次陨石雨散落的范围横跨黄河，东西长约 25 千米，是 1949 年以来我国的四大目击陨石雨之一。上海天文馆收藏的这块鄄城陨石是 2015 年从美国最大的收藏家手中回购而得。

西宁陨石
Xining

陨落地	中国	Place	China
陨落时间	2012 年 2 月 11 日	Date	February 11, 2012
类型	普通球粒石陨石（L5）	Class	Ordinary Chondrite (L5)
标本质量	1035 克	Mass	1035g

2012 年 2 月 11 日，中午 13:40 左右，在青海省西宁市湟中县合尔盖、小寺沟、白崖一村一带降落了一场陨石雨。据当地村民介绍，当时听到天空中有连续的爆炸声，看到陨石在空中爆炸完的蓝烟，在"砰"的一声巨响后，有东西砸在了地上，经查看是块黑色的石头，被判定为陨石。后来当地村民在发现点的四周进行搜寻，共收集到几百个大小不一的陨石碎块，其中发现的最大陨石重 17.3 千克，最小的不足 0.1 克。经统计分析，这场陨石雨散落范围长达 30 千米，呈椭圆形分布，陨石母体可能从东偏南约 110 度方位穿过大气层坠入地面。

班玛陨石
Banma

陨落地	中国	Place	China
陨落时间	2016 年 8 月 24 日	Date	August 24, 2016
类型	普通球粒陨石（L5）	Class	Ordinary Chondrite (L5)
标本质量	3 克	Mass	3 g
捐赠人	张勃	Donated by	Zhang Bo

2016 年 8 月 24 日，在班玛县多贡麻乡满掌村的夜幕降临之际，一些村民听到一阵轰隆声传来，几秒钟后，又听到有物体坠地的声响，村民们以为是飞机坠落，立即报警。民警赶到现场进行搜寻后，并没有发现飞机的残骸。最后，当地村民在山上发现了一个石头砸下的大坑，从坑里挖出重达 10 千克的石陨石。这是一次单体陨落事件，回收的陨石收藏于班玛县博物馆中。上海市民张勃先生抵达现场后找到几个小碎块，将其中一块捐赠于上海天文馆。

班玛陨石

车里雅宾斯克陨石
Cheyabinsk

陨落地	俄罗斯	Place	Russia
陨落时间	2013 年 2 月 15 日	Date	February 15, 2013
类型	普通球粒陨石（LL5）	Class	Ordinary Chondrite (LL5)
标本质量	1213 克	Mass	1213 g

2013 年 2 月 15 日，在俄罗斯的车里雅宾斯克州发生了一次大规模的陨石雨，事件发生在白天，很多人目击了当时的景象。这次陨落的是一颗阿波罗小行星，直径约 20 米，重量约 12000 吨。小行星以每秒平均 19 千米的速度冲入地球大气层，与大气层摩擦燃烧并在空中发生爆炸，爆炸产生巨大的冲击波，其破坏力相当于 30 个广岛原子弹的威力，造成一千多人受伤，大量房屋和公共设施受到损毁。碎块散落在几十平方千米的范围里，最大的碎块约 570 千克坠入车巴库尔湖，后来被打捞出来，现藏于俄罗斯国立博物馆中。2014 年索契冬奥会，俄罗斯制作了 50 块"陨石金牌"，以纪念此次特殊的事件。

致谢

上海天文馆（上海科技馆分馆）建设期间陨石征集从开始到结束历经 5 年，在陨石征集的过程中受到了中国科学院紫金山天文台、中国科学院地球化学研究所、中国科学院广州地球化学研究所、中国科学院上海天文台、中国极地研究中心（中国极地研究所）、南京大学、中国科学技术大学、中国地质大学（武汉）、复旦大学、桂林理工大学、北京天文馆、吉林陨石博物馆、山西地质博物馆、上海自然博物馆的专家支持。特别感谢中国极地研究中心（中国极地研究所）和五云坊陨石工作室将陨石无偿借与上海天文馆进行展示。

在陨石征集过程中还受到了国内多位陨石藏家及陨石爱好者的捐赠，他们分别是张勃先生、徐强先生、石志强先生、蒋灵达先生、刘冰寒先生、孙浩先生，感谢这些陨石藏家及陨石爱好者的无私捐赠，他们的捐赠丰富了上海天文馆的藏品，也为科普事业贡献了自己的力量，为大众了解陨石提供了更多的可能。

最后，感谢五云坊陨石工作室、北京轩辕十四陨石工作室、柯博士陨石工作室、上海秦晟科技有限公司对上海天文馆建设的支持，感谢上海科普教育发展基金会天文专项基金、上海星萃文化传播有限公司对陨石拍摄工作的支持，感谢上海映世堂数码科技有限公司对三维陨石扫描工作的支持。感谢上海科技馆各部门对陨石征集工作的支持。特别感谢临港管委会对本项目的支持。

上海科技馆天文收藏研究室主任

杜芝茂

2023 年 6 月

附录一

陨石专业术语及缩写

缩写（Abbreviation）	英文（English）	中文（Chinese）
C	Carbonaceous Chondrite	碳质球粒陨石
CM	M for Mighei	CM 碳质球粒陨石
CV	V for Vigarano	CV 碳质球粒陨石
CO	O for Ornans	CO 碳质球粒陨石
CI	I for Ivuna	CI 碳质球粒陨石
CB	B for Bencubbin	CB 碳质球粒陨石
CK	K for Karoonda	CK 碳质球粒陨石
E	Enstatite Chondrite	顽辉球粒陨石
EH	High-iron Enstatite Chondrite	高铁顽辉球粒陨石
EL	Low-iron Enstatite Chondrite	低铁顽辉球粒陨石
H	High-iron Ordinary Chondrite	高铁普通球粒陨石
L	Low-iron Ordinary Chondrite	低铁普通球粒陨石
LL	Low-iron, Low-metal Ordinary Chondrite	低低铁普通球粒陨石
Mes	Mesosiderite	中铁陨石
SNC	Martian Meteorite	火星陨石
HED	Howardite, Eucrite, Diogenite	灶神星陨石
GRV	Grove Mountains	格罗夫山
NWA	Northwest Africa	西北非

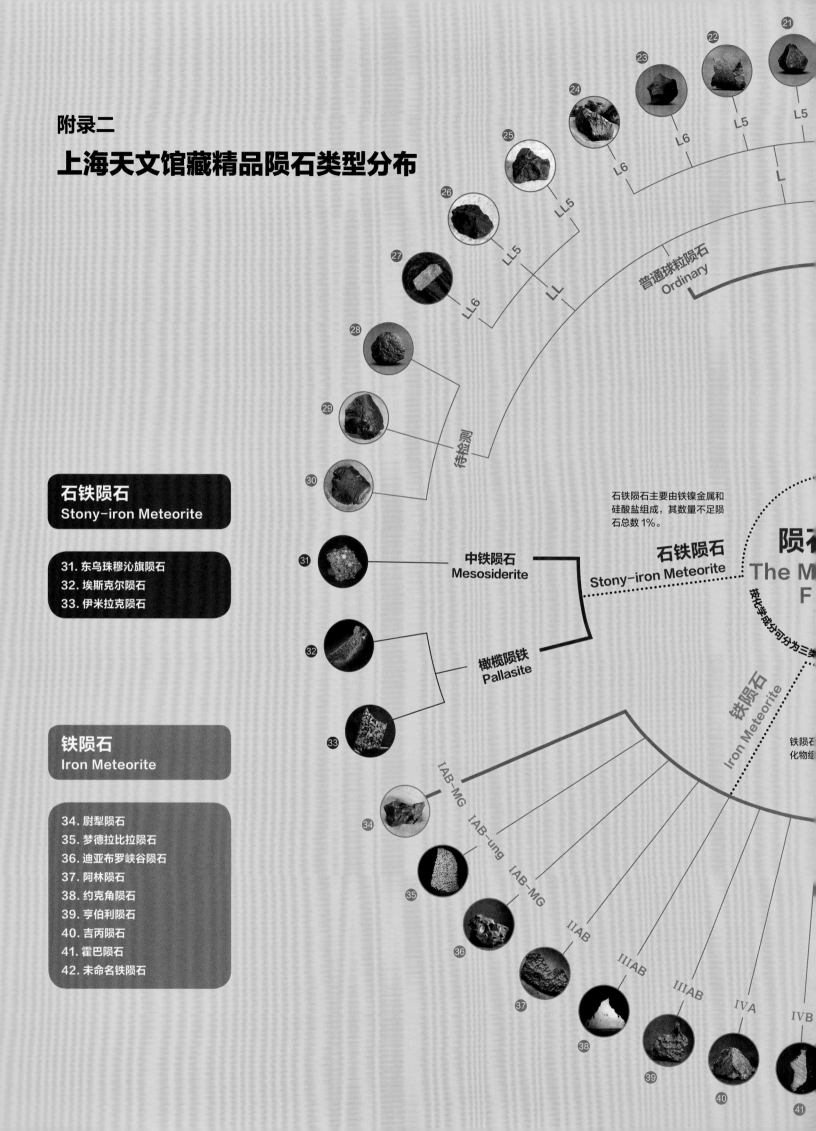

上海天文馆藏精品陨石类型分布

L5

L5

L6

L6

LL5

L6

LL5

L6

LL5

LL

LL6

普通球粒陨石
Ordinary

待检测

石铁陨石
Stony-iron Meteorite

31. 东乌珠穆沁旗陨石
32. 埃斯克尔陨石
33. 伊米拉克陨石

中铁陨石
Mesosiderite

橄榄陨铁
Pallasite

石铁陨石主要由铁镍金属和
硅酸盐组成，其数量不足陨
石总数1%。

石铁陨石
Stony-iron Meteorite

陨石
The M
F

按化学成分可分为三类

铁陨石
Iron Meteorite

铁陨石
化物组

铁陨石
Iron Meteorite

34. 尉犁陨石
35. 梦德拉比拉陨石
36. 迪亚布罗峡谷陨石
37. 阿林陨石
38. 约克角陨石
39. 亨伯利陨石
40. 吉丙陨石
41. 霍巴陨石
42. 未命名铁陨石

IAB-MG

IAB-ung IAB-MG

IIAB

IIIAB

IIIAB

IVA

IVB

impact

L3

H7

H5

H5

H

H4

CV3

CM2

CI1

CBa

球粒陨石
Chondrites

碳质球粒陨石
Carbonaceous

石陨石
Stony Meteorite

无球粒陨石
Achondrites

顽辉石无球粒陨石
Enstatite Achondrite

钛辉无球粒陨石
Angrite

橄辉无球粒陨石
Ureilite

顽辉无球粒陨石
Aubrite

原始无球粒陨石
Primitive
（未分异）

灶神星陨石
HED

月球陨石
Lunar Meteorite

火星陨石
Martian Meteorite

未分群

陨石是最常见的陨石，占陨石总数
5% 左右，主要由橄榄石、辉石等硅
盐矿物质组成。根据是否含有微米
毫米大小的球状结构，陨石又可
为球粒陨石和无球粒陨石。

族
orites
ly

铁陨石和石铁陨石。

铁镍金属及其硫

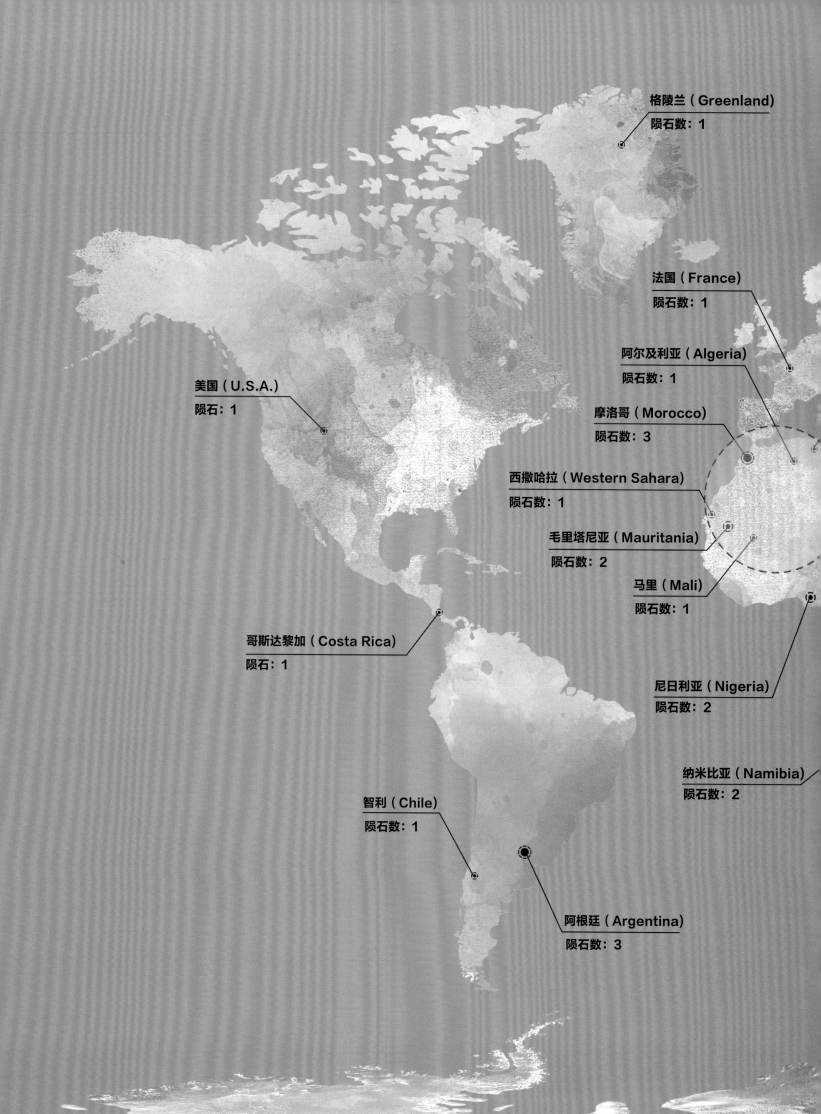

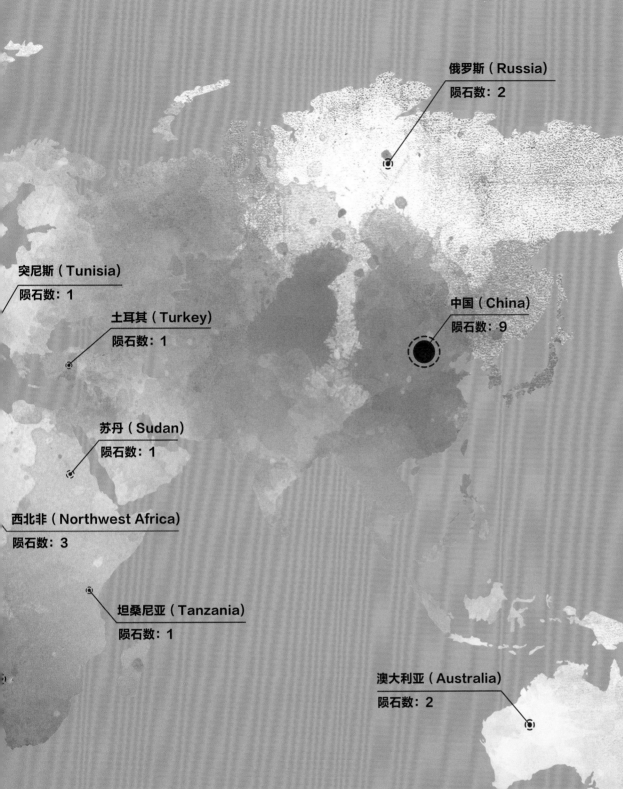

俄罗斯（Russia）

陨石数：2

突尼斯（Tunisia）

陨石数：1

土耳其（Turkey）

陨石数：1

中国（China）

陨石数：9

苏丹（Sudan）

陨石数：1

西北非（Northwest Africa）

陨石数：3

坦桑尼亚（Tanzania）

陨石数：1

澳大利亚（Australia）

陨石数：2

南极（Antarctica）

陨石数：2

附录三

上海天文馆藏精品陨石分布图

图书在版编目(CIP)数据

星石奇珍：上海天文馆藏精品陨石/杜芝茂等著. --上海：上海书画出版社，2023.7
ISBN 978-7-5479-3146-2

Ⅰ. ①星… Ⅱ. ①杜… Ⅲ. ①陨石—图集
Ⅳ.①P185.83-64

中国国家版本馆CIP数据核字（2023）第115041号

《IC2944（走鸡星云）》© 王哲华

《双子座流星雨》© 薛崧

星石奇珍：上海天文馆藏精品陨石

杜芝茂等 著

责任编辑	王 彬　黄坤峰　吕 尘
特邀审读	王 英
审　读	雍 琦
装帧设计	赵 瑾
技术编辑	包赛明

出版发行	上海世纪出版集团 上海书画出版社
地址	上海市闵行区号景路159弄A座4楼
邮政编码	201101
网址	www.shshuhua.com
E-mail	shcpph@163.com
制版	上海久段文化发展有限公司
印刷	上海中华商务联合印刷有限公司
经销	各地新华书店
开本	635×965　1/8
印张	18.5
版次	2023年7月第1版　2023年7月第1次印刷
书号	ISBN 978-7-5479-3146-2
定价	168.00元

若有印刷、装订质量问题，请与承印厂联系